Pythonで学ぶ
光学の基礎

谷田貝 豊彦 [著]

朝倉書店

書籍の無断コピーは禁じられています

　書籍の無断コピー（複写）は著作権法上での例外を除き禁じられています。書籍のコピーやスキャン画像、撮影画像などの複製物を第三者に譲渡したり、書籍の一部を SNS 等インターネットにアップロードする行為も同様に著作権法上での例外を除き禁じられています。

　著作権を侵害した場合、民事上の損害賠償責任等を負う場合があります。また、悪質な著作権侵害行為については、著作権法の規定により 10 年以下の懲役もしくは 1,000 万円以下の罰金、またはその両方が科されるなど、刑事責任を問われる場合があります。

　複写が必要な場合は、奥付に記載の JCOPY（出版者著作権管理機構）の許諾取得または SARTRAS（授業目的公衆送信補償金等管理協会）への申請を行ってください。なお、この場合も著作権者の利益を不当に害するような利用方法は許諾されません。

　とくに大学教科書や学術書の無断コピーの利用により、書籍の販売が阻害され、出版じたいが継続できなくなる事例が増えています。

　著作権法の趣旨をご理解の上、本書を適正に利用いただきますようお願いいたします。

［2025 年 3 月現在］

ま え が き

　光の本質は何か，どのような性質を持っているかを探求する科学分野を光学という．物理学の重要な領域を占めている．さらに，化学，生物学，医学，農学などほとんどの科学分野とも密接な関係を持っている．光学の応用分野も広く，望遠鏡や顕微鏡，分光器などの科学機器，レーザーやこれを利用した加工，計測，通信機器，情報表示など，多岐にわたっている．もはや現代生活と不可分なものとなっている．

　学問としての光学は，遠い古代ギリシャの時代から研究され，現在までに大きく発展してきた．現代物理学を支える量子力学や相対性理論の誕生にも大きく貢献した．このような背景から，光学の理解は，さまざまな科学技術を学ぶ上で不可欠であることがわかる．

　本書は，光学の基礎的な事項を学ぶための入門書である．従来の教科書でとられていた概念の説明と式の導出が中心のスタイルから離れて，シミュレーションを用いることによって，式やそれに隠された概念が視覚的に理解できるよう工夫されている．

　コンピュータが気軽に利用できる現在の環境は，科学技術分野の教育に大きな変革をもたらしつつある．シミュレーションや数値計算，さらには自動数式計算を用いることにより，学んでいる分野の重要な概念の理解が進み，理論と現実世界の関連がより明確になることが期待される．

　本書では，プログラミング言語として，Python 3 [*1)] を利用する．Python では，数値計算ばかりでなく，数式計算や豊富なグラフィックス環境も用意されており，膨大な数の関連ソフトウェアが無料で入手できるからである．

　最後に，本書の執筆にあたり，山東悠介博士，茨田大輔博士，Boaz Jessie Jackin 博士に感謝申し上げる．多くのご指摘をいただいた．また，出版にあたり朝倉書

[*1)]　https://www.python.org　本書では，Python 3.9 を使用した．

店にお世話になった．厚く感謝申し上げる．

2024 年 9 月

谷田貝豊彦

目　　次

1. Python 入門 ·· 1

  1.1　Python のプログラミング環境 ································· 1

  1.2　Python の実行 ·· 2

    1.2.1　IPython ··· 2

    1.2.2　Spyder ·· 3

  1.3　Python の基本 ·· 4

    1.3.1　コーディングスタイル ································· 4

    1.3.2　数値データの型 ··· 6

    1.3.3　オブジェクト，属性，メソッド ····················· 7

    1.3.4　リスト，タプル，辞書型 ····························· 8

    1.3.5　要素のインデキシングとスライシング ············ 9

    1.3.6　演　算　子 ·· 9

    1.3.7　print 関数，input 関数 ······························· 10

  1.4　フロー制御 ·· 11

    1.4.1　条　件　分　岐 ·· 11

    1.4.2　ル　ー　プ ·· 12

  1.5　関　　　数 ··· 14

    1.5.1　組込み関数 ·· 14

    1.5.2　関数の定義 ·· 14

  1.6　モジュールとパッケージ ······································ 16

    1.6.1　Python エコシステム—巨人の肩にのって ·········· 17

  1.7　Python のヘルプ機能 ·· 17

  1.8　NumPy と SciPy による科学技術計算 ······················ 18

    1.8.1　多次元配列 ndarray ······································ 19

1.8.2 ndarray のインデキシング，スライシング，ブール値スライシ
ング··· 20

1.8.3 ndarray による行列計算······································· 20

1.8.4 ユニバーサル関数（ufunc）によるベクトル化演算··········· 21

1.8.5 SciPy による科学技術計算································· 22

1.9 グラフィックス（Matplotlib）······························· 25

1.9.1 MATLAB スタイル································· 25

1.9.2 オブジェクト指向スタイル································· 26

1.10 SymPy による数式処理································· 28

1.10.1 変 数 記 号································· 28

1.10.2 基本的な定数と関数，式の整理················· 30

1.10.3 微分積分，方程式································· 33

1.10.4 ベクトルと行列································· 36

1.11 SciPy による高速フーリエ変換（FFT）················· 41

1.11.1 フーリエ変換，離散フーリエ変換（DFT），高速フーリエ変
換（FFT）································· 41

1.11.2 SciPy.fftpack モジュール································· 42

1.12 アニメーション································· 44

1.13 スライダー・ボタン································· 45

2. 光 学 と は································· 48

2.1 光とは何か································· 48

2.2 光学の歴史································· 49

2.2.1 光の波動説································· 49

2.2.2 光 の 速 度································· 50

2.2.3 マックスウエルの波動説································· 50

2.2.4 光子の出現································· 50

2.3 光 の 時 代································· 51

3. 幾 何 光 学································· 52

3.1 波面と光線································· 52

目　　次　　v

3.2　反射と屈折 ……………………………………………………… 53
3.3　フェルマーの原理 ……………………………………………… 54
　3.3.1　フェルマーの原理による反射屈折の法則の導出 …………… 54
　3.3.2　結　　　像 ……………………………………………………… 55
3.4　屈　折　率 ……………………………………………………… 58
3.5　近軸光線の球面における反射と屈折 ………………………… 59
3.6　近軸光線の追跡 ………………………………………………… 61
　3.6.1　符号の取り方 …………………………………………………… 61
　3.6.2　光学系行列 ……………………………………………………… 62
　3.6.3　レ　ン　ズ ……………………………………………………… 66
　3.6.4　近軸領域における結像 ………………………………………… 68
　3.6.5　レンズの主要点 ………………………………………………… 71
　3.6.6　反　射　鏡 ……………………………………………………… 82
3.7　光学系の絞り …………………………………………………… 87
　3.7.1　開　口　絞　り ………………………………………………… 87
　3.7.2　口径比，Fナンバー …………………………………………… 87
　3.7.3　テレセントリック光学系 ……………………………………… 88
3.8　収　　　差 ……………………………………………………… 89
　3.8.1　光　線　収　差 ………………………………………………… 89
　3.8.2　色　収　差 ……………………………………………………… 92
3.9　レンズの利用 …………………………………………………… 93
　3.9.1　拡大鏡（虫メガネ） …………………………………………… 93
　3.9.2　望　遠　鏡 ……………………………………………………… 94
　3.9.3　顕　微　鏡 ……………………………………………………… 95

4.　**波動としての光** ……………………………………………… 97
4.1　波動とは ………………………………………………………… 97
4.2　波動方程式 ……………………………………………………… 98
　4.2.1　正　弦　波 ……………………………………………………… 99
4.3　重ね合わせの原理 ……………………………………………… 101
　4.3.1　ビ　ー　ト ……………………………………………………… 102

4.3.2　波　　　束 ……………………………………………… 104

　4.3.3　定　在　波 ……………………………………………… 105

4.4　波動の複素表示 ………………………………………………… 106

4.5　波動のエネルギー ……………………………………………… 106

4.6　ヘルムホルツの方程式 ………………………………………… 106

5. 波 動 光 学 …………………………………………………… 108

5.1　マックスウエルの方程式と波動方程式 ……………………… 108

　5.1.1　横　　　波 ……………………………………………… 110

　5.1.2　ベクトル波とスカラー波 ……………………………… 110

5.2　電磁波のエネルギー …………………………………………… 111

　5.2.1　光 の 強 度 ……………………………………………… 112

5.3　境界面における光波の反射と透過 …………………………… 113

　5.3.1　電場と磁場の境界条件 ………………………………… 113

　5.3.2　境界面における電磁波 ………………………………… 114

　5.3.3　フレネルの反射・透過係数 …………………………… 115

　5.3.4　垂直入射のフレネル係数 ……………………………… 119

　5.3.5　ブリュスター角 ………………………………………… 120

　5.3.6　全　反　射 ……………………………………………… 120

　5.3.7　ストークスの関係 ……………………………………… 122

5.4　反射率と透過率 ………………………………………………… 123

5.5　干　　　渉 ……………………………………………………… 126

　5.5.1　同じ周波数の光波の干渉 ……………………………… 128

　5.5.2　ヤングの実験 …………………………………………… 129

　5.5.3　振幅分割干渉 …………………………………………… 130

　5.5.4　多光束干渉 ……………………………………………… 135

　5.5.5　干渉多層膜 ……………………………………………… 140

　5.5.6　多層反射膜 ……………………………………………… 143

　5.5.7　白色干渉 ………………………………………………… 149

　5.5.8　コヒーレンス（可干渉性） …………………………… 150

5.6　回　　　折 ……………………………………………………… 155

5.6.1 ホイヘンスの原理による回折の説明 · 155
5.6.2 キルヒホッフの回折式 · 157
5.6.3 バビネの原理 · 158
5.6.4 フレネル回折 · 159
5.6.5 フラウンホーファー回折 · 167
5.6.6 光学系の分解能 · 173
5.6.7 回 折 格 子 · 174
5.6.8 フレネルのゾーンプレート · 177

6. フーリエ光学 · 179
6.1 フーリエ変換 · 179
6.1.1 フーリエ変換の性質 · 181
6.1.2 コンボリューション積分 · 182
6.1.3 デルタ関数 · 182
6.2 離散フーリエ変換 · 183
6.2.1 標本化定理 · 183
6.3 高速フーリエ変換（FFT）を用いた数値計算 · · · · · · · · · · · · · · · · · 185
6.3.1 1次元フーリエ変換 · 185
6.3.2 画像のフーリエ変換 · 187
6.4 回折の計算 · 188
6.4.1 フレネル回折計算 · 188
6.4.2 フラウンホーファー回折計算 · 191
6.5 ヘルムホルツの波動方程式に基づく回折計算—角スペクトル法—· · · 191
6.5.1 角スペクトル法における帯域 · 197
6.6 レンズのフーリエ変換作用 · 198
6.7 結 像 · 201
6.7.1 コヒーレント結像 · 201
6.7.2 インコヒーレント結像 · 203
6.8 光学系の周波数応答 · 204
6.9 ホログラフィ · 208
6.9.1 計算機ホログラム · 210

7. 偏　　光 ··· 214

7.1　偏光の表示法 ·· 214

7.1.1　直 線 偏 光 ····································· 215

7.1.2　円　偏　光 ····································· 215

7.1.3　楕 円 偏 光 ····································· 216

7.2　偏光素子 ·· 216

7.3　ジョーンズベクトルとジョーンズ行列 ············· 217

7.3.1　ジョーンズベクトル ························· 217

7.3.2　ジョーンズ行列 ··························· 217

7.4　ストークスパラメーターとミューラー行列 ········· 224

7.4.1　ストークスパラメーター ················· 224

7.4.2　ミューラー行列 ··························· 227

A.　役に立つ数式 ·· 235

B.　参　考　書 ··· 239

索　　引 ··· 240

1 | Python 入門

Python は，さまざまな分野で使われているプログラミング言語である．C 言語や MATLAB などと比較して，Python はシンプルで読みやすく，メンテナンス性にも優れた言語である．さらに，Python はインタプリタ言語であり，プログラムを入力しながら即座に実行できる．科学技術計算において，行列計算や積和計算が多用されることが多いが，MATLAB と同様なパッケージが用意されており，数値計算が高速に行える．また数値計算だけでなく Mathematica や Maple のような数式処理も可能である．

このように，さまざまな科学技術計算において優れた特徴を Python は備えている．ここでは，光学における計算を念頭において，Python 3 を使用するのに必要な基礎的事項を述べる．Python 3 の詳細については解説書を参照のこと．

1.1 Python のプログラミング環境

Python を使うためには，Python のプログラミング環境を用意する必要がある．ここでは最もポピュラーな無償の Anaconda と呼ばれるプログラミング環境を使うことにする．まず，Anaconda をインストールする [*1]．Anaconda には，IPython，Jupyter Notebook，Spyder が含まれている [*2]．

IPython は，Python プログラムを対話的に実行する環境を提供するシステムである．Jupyter Notebook は，IPython を用いた Web ベースのプログラム開発環境である．Spyder は，GUI（Graphical User Interface）の機能を備えた統合型プログラム開発環境である．Python プログラムを画面上で視覚的に捉えて

[*1] 本稿では，ソフトウェアのインストールなどの具体的な手順については述べない．多くの入門書や Web 検索によって，容易に情報が入手できるからである．

[*2] 本書に記載されているプログラムは，Spyder 5.2.2 および Python 3.9 での動作は確認済みであるが，全ての環境下での動作を保障するものではない．

実行でき，作業効率を向上させることが可能である．

1.2 Pythonの実行

1.2.1 IPython

IPython を使うために，Anaconda-Navigator から QtConsole を開く．すると，図 1.1 のような画面が表示される．入力を促す

  In [1]:

が表示されているので，

  In [1]: print("Hello Python!")

と入力すると，

  Hello Python!

と出力される．print() は命令文で，原則改行で終わる．画面に表示する文字列は，前後を半角の " もしくは ' で囲って記述する．

  In [2]: 2 + 3

を入力すると，式の値が，

  Out [2]: 5

と出力される．このことから Python はインタプリタであることがわかる．

要素の集合をリストと呼び，4つの数値からなるリストを作るには，

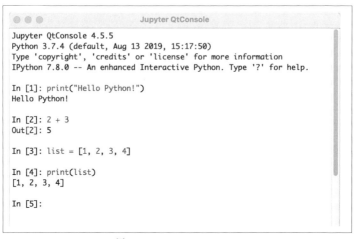

図 1.1 Jupyter QtConsole

In [3]: list = [1, 2, 3, 4]

のようにする．ここでは数値の集合に list と名前を付けた．

　　In [4]: print(list)

と入力すると，

　　[1, 2, 3, 4]

と出力される．

1.2.2　Spyder

　Spyder を立ち上げると，図 1.2 のような画面が表示される．左側にエディタと呼ばれる領域が表示され，ここに Python のプログラムを入力する．右下はIPython を表示する IPython コンソールの領域で，右上はプログラムのさまざまな情報を表示する領域になっている．

　Spyder を立ち上げた状態では，エディタにはコメント以外は何も入力されていないので，ファイルの名前は untitled0.py* である．このファイルは保存されていないので * がついている．保存のアイコン 💾 をクリックして適当な名前をつけ，保存すると，* は消える．

　エディタ領域に，プログラムを入力し，アイコン ▶ をクリックするとプログラムは保存されて実行され，結果が IPython コンソールに表示される．

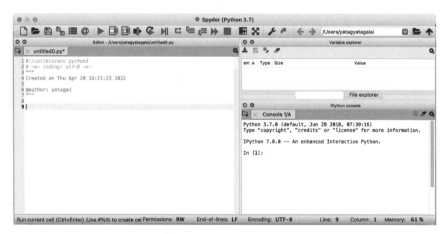

図 1.2　Spyder コンソール

4   1. Python 入 門

1.3　Pythonの基本

まず，簡単な Python プログラム例を示そう．温度の摂氏から華氏を求めるプ
ログラムを考えよう．次ページの図 1.4 に示すように，エディタには，あらかじ
め自動的に，行 1 から行 7 が入力されている．行 1 は # で始まるコメント行で，
これが Python3 のプログラムであり，そのコードは utf-8 であることを示す．
""" と """ で挟まれた行は複数行にまたがるコメント行である．

行 8 から以下は，摂氏の温度を入力すると華氏の温度を出力するプログラムと
摂氏と華氏の関係を示すグラフを表示するためのプログラムからなっている．こ
のプログラムに celcius_fahrenheit と名前をつけ，保存し実行する．IPython
コンソールに結果とグラフが表示される[*3]．この例では，変数エクスプローラー
に，使われている変数 c1，f1，x のタイプ，サイズ，値が示されている．

この状態で，IPython コンソールに図 1.3 のように入力すると，即座に，出力
結果が示される．

```
In [2]: c1 = 100

In [3]: print(celcius_fahrenheit(c1))
212.0

In [4]: |
```

図 1.3　Spyder の IPython コンソール

1.3.1　コーディングスタイル
ここで再び，図 1.4 のエディタの記述内容に戻ろう．

行 8, 9 はライブラリなどの読み込みを指定している．行 11 はコメント行．行
12, 13 で関数の定義をしている．行 15 以下が実行スクリプトで，実行する内容
を記述する．

このように，Python のコードは，

[*3]　設定によっては，グラフは IPython コンソールに表示されず，別の場所に表示されることがある．
この場合には，IPython コンソールに %matplotlib online と入力すればよい．

1.3 Python の基本

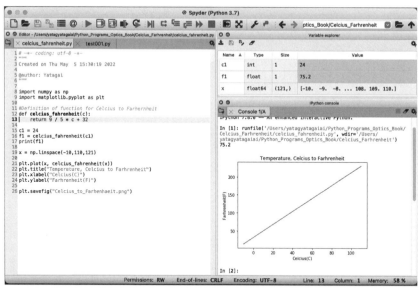

```
1   # -*- coding: utf-8 -*-
2   """
3   Created on Thu May  5 15:30:19 2022
4   
5   @author: Yatagai
6   """
7   
8   import numpy as np
9   import matplotlib.pyplot as plt
10  
11  #Definition of function for Celcius to Fahrenheit
12  def celcius_fahrenheit(c):
13      return 9 / 5 * c + 32
14  
15  c1 = 24
16  f1 = celcius_fahrenheit(c1)
17  print(f1)
18  
19  x = np.linspace(-10,110,121)
20  
21  plt.plot(x, celcius_fahrenheit(x))
22  plt.title("Temperature, Celcius to Fahrenheit")
23  plt.xlabel("Celcius(C)")
24  plt.ylabel("Fahrenheit(F)")
25  
26  plt.savefig("Celcius_to_Fahrenheit.png")
```

図 1.4　（上）：Spyder エディタへの入力，コンソールへの出力と変数エクスプローラー，（下）：エディタの記述内容

- プログラムの内容などを示すコメント行
- ライブラリなどの読み込み指定
- 関数などの定義
- 実行スクリプト

などの順で構成される.

わかりやすいコードを書くためには，このような構成が推奨される.

Pythonのスクリプトでは，処理は1行で記述することが原則である. 行の区切りは改行である. 複数の処理を1行にまとめる場合には，；で区切る.

Pythonでは，関数や条件文などのブロックは，インデント（字下げ）だけでブロックの範囲を指定する. 図1.4で行12, 13の関数はその例である. 無意味なインデントはエラーになることに注意しよう. インデントの幅は，スペース（空白文字）4字分がコーディングの規約である.

このほかにも，読みやすいコードを書くために，Pythonではいくつかの事項が推奨されている. 例えば，

- 1行の長さは，原則，最大79文字にする. どうしても行を継続したい場合には，\（バックスラッシュ）により，継続行であることを表示できる. この場合には，行のインデントは無視される.
- 式においては，等号（=）や演算子（+, -, * など）の前後にスペースを入れる.
- 関数名は小文字にする.

1.3.2 数値データの型

Pythonによる数値計算で用いられることが多い数値データの型に，整数型，浮動小数点型，複素数型などがある. 2は整数型（int），5.0は浮動小数点型（float）であり，4 + 7jは複素数型（complex）である. 虚数単位は1jで，jではないことに注意.

また，文字列の型はstrである.

図1.5は，type()関数を使って，変数a, b, cの型を出力した例である. また，c.realと，c.imagは複素数の属性realやimagを使ってcの実部や虚部を取り出している. 複素共役を求めるためには，conjugateメソッドを使えばよい.

```
In [1]: a = 2            In [7]: re = c.real

In [2]: type(a)          In [8]: re
Out[2]: int              Out[8]: 4.0

In [3]: b = 5.0          In [9]: c.imag
                         Out[9]: 7.0
In [4]: type(b)
Out[4]: float            In [10]: c.conjugate()
                         Out[10]: (4-7j)
In [5]: c = 4 + 7j
                         In [11]:
In [6]: type(c)
Out[6]: complex
```

図 1.5 データ型の例, 整数型（int）, 浮動小数点型（float）と複素数型（complex）

1.3.3 オブジェクト, 属性, メソッド

Python はオブジェクト指向プログラミング言語である. Python では, プログラムを構成するデータや命令（関数）などあらゆるものがオブジェクトである. オブジェクトは, 属性（attribute）とその属性を規定するメソッド（method）と呼ばれる関数のセットである. したがって, a = 2.5 の文で表される変数 a は単なる数値ではなく, float という属性を持っており, そして, is_integer などのメソッドも持っている. オブジェクト a にメソッド is_integer を適用して a.is_integer() とすると, False が返される.

図 1.6 にオブジェクトの例と属性とメソッドの使用例を示す.

In [1]: で 2.5 という数値に名前 a をつける. In [2]: a? で, a の型の情報を表示する. In [3]: は, a にメソッド is_integer を適用して, 結果 False を得る. さらに, In [4]: a.as_integer_ratio() とすると, その結果 5 対 2 を得る. In [5]: 以下は, 複素数 c を定義して, imag や conjugate メソッドを適用している.

オブジェクトのメソッドを表示する関数として dir() がある. メソッドばかりでなく属性などのさまざまな情報も表示する. 適応可能なメソッドのみを表示するには, IPython の Tab 補完機能を利用するのが便利である. 具体的には, 図 1.7 に示すように, IPython コンソールでの入力中に, In [9]: c. の状態で, Tab キーを押すと, 使用可能なメソッドが表示される. この場合には, conjugate, imag, real の 3 つである.

```
In [1]: a = 2.5

In [2]: a?
Type:         float
String form: 2.5
Docstring:    Convert a string or number to a floating
point number, if possible.

In [3]: a.is_integer()
Out[3]: False

In [4]: a.as_integer_ratio()
Out[4]: (5, 2)

In [5]: c = 2.0 - 7.3j

In [6]: c?
Type:         complex
String form: (2-7.3j)
Docstring:
Create a complex number from a real part and an optional
imaginary part.

This is equivalent to (real + imag*1j) where imag defaults
to 0.

In [7]: c.imag
Out[7]: -7.3

In [8]: c.conjugate()
Out[8]: (2+7.3j)
```

図 1.6 オブジェクト，属性，メソッド

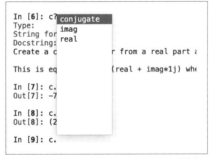

図 1.7 メソッドを表示させる Tab 補完機能

1.3.4 リスト，タプル，辞書型

数値や文字列の配列をリストという．

図 1.8 において，In [1]: と In [2]: で 4 つの要素を持つリスト x と y を定義する．[と] で要素を囲っている．リストは数値だけでなく，文字列も要素と

1.3 Python の基本　　　　　　9

```
In [1]: x = [1, 2, 3, 4]           In [7]: y[1] = 2

In [2]: y = [1, "two", "three", 4]  In [8]: y
                                    Out[8]: [1, 2, 'three', 4]
In [3]: x[0]
Out[3]: 1                           In [9]: z = (1, 2, "three", "four")

In [4]: x[0:2]                      In [10]: z
Out[4]: [1, 2]                      Out[10]: (1, 2, 'three', 'four')

In [5]: x[-2]
Out[5]: 3

In [6]: y[:3]
Out[6]: [1, 'two', 'three']
```

図 1.8　リストとタプル

できる．リストは要素の変更や要素の追加削除などの変更が可能である．タプル
は更新不可の配列で，In [9] のように（と）で囲む．

辞書型配列は，キーと値をセットで扱うデータ型である．辞書型は，{ と } を
使い，{ キー 1 : 値 1, キー 2 : 値 2, ... } のようなキーと値のペアの集合である．
ペアの集合の順序はない．

1.3.5　要素のインデキシングとスライシング

文字列，リスト，タプルの要素は，[ ] 内にインデックスを入れて示す．これを
インデキシングという．配列のインデックスは 0，1，2，... で，最初の要素の
インデックスは 0 である．x[0] で最初の要素を，x[-1] で最後の要素を指定で
きる．

また，配列の一部を切り出すこともできる．これをスライシングという．例え
ば，図 1.8 の In [4]: において，x[0:2] で最初の要素から最初から 2 番目の要
素までを指定できる．In [6]: の y[:3] のように省略すると最初から 3 つ目ま
での要素を指定できる．In [7]: の y[1] = 2 で 2 番目の要素を書き換えること
ができる．

1.3.6　演　算　子

数値の演算には表 1.1 の演算子が用意されている．主な比較演算とその機能を
表 1.2 に示す．

表 1.1　数値に対する演算子	
演算子	機能
x + y	x と y の加算
x - y	x と y の減算
x * y	x と y の乗算
x / y	x と y の除算
x // y	x と y の整数除算
x % y	x と y の剰余
x ** y	x の y 乗

表 1.2　主な比較演算子	
演算子	機能
x < y	x は y より小さい
x <= y	x は y より小さいか等しい
x > y	x は y より大きい
x >= y	x は y より大きいか等しい
x == y	x と y は等しい
x != y	x と y は等しくない

1.3.7　print 関数，input 関数

コンソールに変数データを表示するための関数として print() がある．プログラム 1.1 に使用例を示した．複数の文字列や数値を表示するには，行 6 のように print(a, b, "python", 1 + 2) などと複数のオブジェクトを指定すればよい．小数点以下の桁数を指定するためには，format を使用し，print("{:.桁数 f}".format(数値)) のようにする．このほかにも，プログラム 1.4 で述べる f 文字列を使う方法もある．

input() 関数によって，プログラムの実行中に，データを入力したり処理の動作をコントロールすることができる．行 8 の input() 関数は，引数として指定した文字列をコンソールに表示して，文字列の入力を待つ．文字列の入力後，キーボードの Return キーを入力すると，入力された文字列が input() 関数の戻り値に渡される．整数を入力するためには，行 9 のように input() 関数の戻り値を int() 関数で整数型に変換する必要がある．float() 関数は文字列型を浮動小数点型に変換する．行 12 の print() 関数は指定された文字列の出力後自動的に改行する．改行を行わずカンマを入れるには引数 end を使い，print("...　...", end=",") とする．改行を停止するためには，print("...　...", end=" ") のように，引数 end に空白文字を指定する．

プログラム 1.1

```
1  import math
2
3  n = 5
4  a = math.sqrt(n)
5  # 小数点以下5桁を表示
```

1.4 フロー制御 *11*

```
 6  print("Square root of ", n, "is {:.5f}".format(a))
 7
 8  num = input("Please input a number?:")
 9  b = int(num)
10  c = b**2
11  d = math.sqrt(b)
12  print("The square of", b, "is", c, end=", ")
13  print("and its square root is", d)
```

プログラム 1.1 の出力

```
 1  Square root of  5 is 2.23607
 2
 3  Please input a number?:5
 4  The square of 5 is 25, and its square root is 2.23606797749979
```

1.4 フ ロ ー 制 御

プログラム内では, 命令文の順で逐次処理が実行される. 条件により処理の順序を変えたり, 特定の処理を繰り返し実行させることができる.

1.4.1 条 件 分 岐

if 文を使えば, 特定の条件が満足されると, ブロック内の命令文を実行することができる. if 文による条件分岐は, if 文に続く条件式が真ならば, if 文に続くブロックが実行され, 偽なら, elif 節があれば elif 節の条件式を実行し, 偽なら else 節が実行される. プログラム 1.2 に, 使用例を示す.

プログラム 1.2

```
 1  age = int(input("Age-->"))
 2  print("Age", age, "is",end=" ")
 3  if age >= 20:
 4      print("adult.")
 5  elif age > 2:
 6      print("young person.")
 7  else:
 8      print("baby.")
```

ここで, IPython コンソールに 40 が入力されると, Age 40 is adult. と表

12   1. Python 入 門

示される.

プログラム **1.2 の出力**

```
1  Age-->40
2  Age 40 is adult.
```

1.4.2 ル ー プ

特定の処理を繰り返すために，while 文と for 文がある.

● while 文

while 文は，ある条件が満たされる間，処理を繰り返すために利用される. else
文により，繰り返し処理が終わった場合に実行する処理を指定する. プログラム
1.3 に使用例を示す.

プログラム **1.3**

```
1   import math
2
3   n = 0
4   while n < 5:
5       x = math.pi * n / 8
6       y = math.sin(x)
7       print("sin({}[Deg.])".format(math.degrees(x)), " is {}".format(y))
8       n += 1
9   else:
10      print("End")
```

ここで，行 1 は math モジュールを指定する. 行 5 では math.pi で定数 pi を読
み込む. 行 6 で math モジュールの関数 sin() を math.sin() として呼び出す. n
の初期値は 0 で，n < 5 で条件を満たすので行 8 までの処理を繰り返し，n = 5 の
時点で行 9 の else 節の処理を行う. なお，math.degrees() は角度のラディアン
を度に変換する関数である. 度をラディアンに変換する関数は math.radians()
である. 処理結果は IPyhton コンソールにプログラム 1.3 の出力のように表示さ
れる.

プログラム **1.3 の出力**

```
1  sin(0.0[Deg.])   is 0.0
2  sin(22.5[Deg.])   is 0.3826834323650898
3  sin(45.0[Deg.])   is 0.7071067811865475
```

```
4  sin(67.5[Deg.])  is 0.9238795325112867
5  sin(90.0[Deg.])  is 1.0
6  End
```

● **for 文**

for 文は，複数の要素を持つリストなどから要素を一つずつ取り出し，変数と
して要素の数だけ処理を繰り返す．リストを直接提示する方法と，組込み関数
range() を使い処理を n 回繰り返す方法などがある．プログラム 1.4 は，リスト
[0，1，2.5，4] を直接指示する方法である．

プログラム **1.4**

```
1  import math
2
3  items = [0, 1, 2.5, 4]
4  for i in items:
5      x = math.pi * i / 8
6      y = math.cos(x)
7      print(f"cos({math.degrees(x)}[Deg.]) is {y}")
```

行 7 は print 文中に f 文字列がつかわれている．f 文字列とは，内部に { } で
囲まれた変数や値を含み，先頭が f で始まる文字列である．複数のデータ型を出
力する場合に使われる．IPython コンソールの出力は，

プログラム **1.4 の出力**

```
1  cos(0.0[Deg.]) is 1.0
2  cos(22.5[Deg.]) is 0.9238795325112867
3  cos(56.25[Deg.]) is 0.5555702330196023
4  cos(90.0[Deg.]) is 6.123233995736766e-17
```

組込み関数 range() を使う方法をプログラム 1.5 に示す．整数 n を組込み関
数 range() に渡すと，0 から $n-1$ までの整数が順に i に返される．整数 n は繰
り返しの回数で，n までの数が返されるわけではないことに注意．

プログラム **1.5**

```
1  import math
2
3  for i in range(5):
4      x = math.pi * i / 8
5      y = math.cos(x)
```

```
6      print(f"cos(pi*{i}/8) is {y}")
```

プログラム 1.5 の出力

```
1   cos(pi*0/8) is 1.0
2   cos(pi*1/8) is 0.9238795325112867
3   cos(pi*2/8) is 0.7071067811865476
4   cos(pi*3/8) is 0.38268343236508984
5   cos(pi*4/8) is 6.123233995736766e-17
```

1.5 関　　　数

ある特定の処理を繰り返し実行したい場合に，必要なデータを受け取り処理の結果を出力する構造があると便利である．関数はこのような目的で使われる．すでに何度か使用された，組込み関数はその例である．

1.5.1 組込み関数
よく使われる組込み関数を表 1.3 に示す．

表 1.3 主な組込み関数

組込み関数名	機能	組込み関数名	機能
abs()	絶対値	max()	最大値
complex()	複素数化	min()	最小値
float()	引数を float に変換	print()	出力
help()	ヘルプ	range()	指定した開始数値から
input()	入力をうながす．		終了数までの連続数値
	戻り値を str に変換		の作成
int()	引数を int に変換	sum()	総和
len()	リストの要素数値	type()	型の表示

1.5.2 関数の定義
関数定義の例をプログラム 1.6 に示す．まず最初に，行 1 のように，def 文により factorial() と言う名の関数を定義することを宣言する．n は引数である．複数の引数を定義することも引数を定義しないこともできる．行 5 と行 11 は，

return 文で，戻り値を指定し関数の処理を終了する．n < 0 の場合には，行 3
が実行され，関数は終了する．この場合には，戻り値は無いので，return 文は不
要である．

プログラム 1.6

```
1   def factorial(n):
2       if n < 0:
3           print("Error; non-positive integer")
4       elif n == 0:
5           return 1
6       else:
7           fact = 1
8           while n > 1:
9               fact *= n
10              n -= 1
11          return fact
12
13  for i in range(4):
14      n = int(input("number ?: "))
15      print("Factorial of ", n, " is ", factorial(n))
```

プログラム 1.6 の出力

```
1   number ?: 5
2   Factorial of  5  is  120
3
4   number ?: 0
5   Factorial of  0  is  1
6
7   number ?: -4
8   Error; non-positive integer
9   Factorial of  -4  is  None
10
11  number ?: 10
12  Factorial of  10  is  3628800
```

関数は再帰的に読み出すことができる．関数 factorial() を再帰的に定義す
るとプログラム 1.7 のようになる．

プログラム 1.7

```
1   def factorial(n):
2       if n < 0:
3           print("Error")
4       elif n == 0:
```

```
 5          return 1
 6      elif n == 1:
 7          return n
 8      else:
 9          return n * factorial(n-1)
10
11  for i in range(4):
12      n = int(input("number ?: "))
13      print("Factorial of ", n, " is ", factorial(n))
```

なお，階乗の計算には，`math.factorial()` が用意されている.

1.6 モジュールとパッケージ

機能や内容が関連した関数や変数あるいはクラスと呼ばれる機構を1つのファイルにまとめたものをモジュールという．複数のモジュールを束ねたフォルダーがパッケージである．Python プログラムでは，製作した関数などでモジュールを作り他のファイルからそれを読み込むことができる．Python には非常に多くのモジュールやパッケージが標準ライブラリとして用意されている.

プログラムの中でモジュールやモジュール内のメンバー（関数や数値など）を読み出すには，`import` 文を使う．いくつかの `import` の使用例を以下に示す.

1. `import module1`

2. `import module2 as mod2`

3. `from module3 import member1, member2`

4. `from module4 import *`

1. の記法は最も一般的な `import` の記法である．モジュール中のメンバー（関数など）を使う場合には，例えば，math モジュールの関数 `sin()` は `math.sin()` とすればよい．このような記法は，別々のモジュールに含まれている同名の関数を区別するのに都合がよい.

2. の記法はモジュール名が長い場合に短い別名を指定している.

3. の記法はモジュールの中の特定のメンバーのみを `import` する記法である．この記法の場合には，`math.sin()` の記法を `sin()` とすることができる.

4. の記法はモジュール中のメンバー全てを `import` することを示す.

パッケージからの `import` も同じ記法が使える．パッケージはファイルが階層構造になっていることが多い．例えば，あるパッケージ pack の下にモジュール

module1があり，その中にあるメンバーfunc1を呼び出したい場合には，import pack.module1 as mod1として，mod1.func1()とすればよい．

1.6.1　Pythonエコシステム—巨人の肩にのって

Pythonには，充実した標準ライブラリがある．このほかにも，多数のライブラリ群がある．科学技術計算でよく使われるものとしては，NumPy, SciPy, Matplotlib, pandasなどがある．これらのライブラリを有効に使うことで，さまざまな科学技術計算システムが効率良く構築できる．これらのライブラリやプログラム開発環境はエコシステムと呼ばれ，Pythonの特徴の1つである．図1.9に科学技術関連のエコシステムを示す．

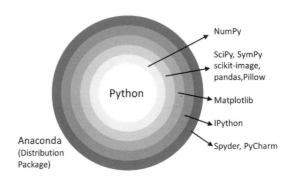

図1.9　Pythonエコシステム

NumPyは行列の積和演算や数値計算を高速に行うパッケージで，他のパッケージでも使われるエコシステムの中核である．SciPyは，数値積分，常微分方程式の計算，内挿計算，信号処理，FFTを含むスペクトル解析，特殊関数，そして物理定数や数学定数を提供する．pandasはデータ解析用パッケージであり，Matplotlibはグラフ作成ツールで，豊富な可視化機能を備えている．

これらのエコシステムのお陰で，先人の知恵を有効に活用しさらなる展開が可能となった．

1.7　Pythonのヘルプ機能

Pythonのプログラムを書く場合に，しばしば関数の使用法，モジュールの内

容などの情報を調べる必要が生じることがある．ウェブ検索で問題解決できる場合も多い．Pythonには，ヘルプ機能が充実していて，効率的に必要な情報を入手することができる．

Pythonのヘルプを実現するのが help() 関数である．Pythonのオブジェクトには，その機能を記した docstring が含まれており，これを呼び出す組込み関数が help() である．オブジェクトの型を調べる関数として type() がある．また，組込み関数 dir() は，さまざまなオブジェクトの属性とメソッドを表示する．

IPythonでは，より簡易的に情報を表示するために，?文字が使える．

IPythonには，図1.7で示したように，Tabキー補完がある．オブジェクト，モジュール，変数名などを自動的に補完する機能があり，dir() 関数を使うより，簡便に情報を取得できることが多い．例えば，オブジェクト名にピリオド(.)を付け，その後に，Tabキーを押すとそのオブジェクトに適応可能な属性が表示される（図1.7）．

1.8 NumPyとSciPyによる科学技術計算

NumPyは配列の計算を高速に実行するためのライブラリである．Pythonにはリストとタプルの配列表現があるが，大規模な配列計算には処理速度がきわめて遅いことが課題であった．NumPyでは多次元配列（ndarray）によってこの問題を解決している．

NumPyの使用例として，プログラム1.8とその出力を示す．

プログラム 1.8

```
1  import numpy as np
2
3  x = np.array([0, 1, 2.0, 3])
4  y = x ** 3
5  z = np.sqrt(x)
6  print(x)
7  print(y)
8  print(z)
```

プログラム 1.8 の出力

```
1  [0. 1. 2. 3.]
2  [ 0.  1.  8. 27.]
3  [0.         1.         1.41421356 1.73205081]
```

1.8.1 多次元配列 ndarray

NumPyで使用される配列は，多次元配列（ndarray）と呼ばれている．Python のリストとは異なり，全ての要素の型は同じでなければならない．

ndarray を生成するために，関数 array() が用意されている．また，大規模な ndarray を作るために，全要素が 0 と 1 の配列を生成する zeros() と ones() や組込み関数 range() に似た機能を持つ関数 arange() がある．これらの関数 の使用例を以下に示す．

プログラム 1.9

```
 1  In [1]: import numpy as np
 2
 3  In [2]: x = np.array([0, 1, 2, 3])
 4
 5  In [3]: x
 6  Out[3]: array([0, 1, 2, 3])
 7
 8  In [4]: np.array([[1, 2, 3],[4, 5, 6]])
 9  Out[4]:
10  array([[1, 2, 3],
11         [4, 5, 6]])
12
13  In [5]: np.zeros(4)
14  Out[5]: array([0., 0., 0., 0.])
15
16  In [6]: np.ones((2,3))
17  Out[6]:
18  array([[1., 1., 1.],
19         [1., 1., 1.]])
20
21  In [7]: np.arange(5)
22  Out[7]: array([0, 1, 2, 3, 4])
23
24  In [8]: np.arange(1,5,2)
25  Out[8]: array([1, 3])
```

行3では，1次元配列 [0, 1, 2, 3] を生成する．行8では，2行3列の行列 を生成．行16では，2行3列の全要素が1の行列を生成．行24は，配列 [1, 2, 3, 4] の要素を1つおきに取り出した配列 [1,3] を与える．

1.8.2 ndarray のインデキシング，スライシング，ブール値スライシング

Python の標準リストと同様に ndarray のインデキシングとスライシングが可能である．ここでは，ブール値スライシングの例を示す．

プログラム 1.10

```
1   import numpy as np
2
3   dat = np.random.rand(2,3)
4   print(dat)
5   mask = dat > 0.5
6   print(mask)
7
8   dat[mask == False] = 0
9   print(dat)
```

行 3 で，0.0 から 1.0 までの一様乱数を要素とする 2 行 3 列の行列を dat とする．行 5 で dat の要素が 0.5 よりも大きい要素を True，他を False とするマスク mask を生成する．行 8 で，マスクの要素が False の行列 dat 成分を 0 とする．

プログラム 1.10 の出力

```
1   [[0.7562031  0.60908252 0.3025905 ]
2    [0.20123945 0.64791948 0.96031353]]
3   [[ True  True False]
4    [False  True  True]]
5   [[0.7562031  0.60908252 0.        ]
6    [0.         0.64791948 0.96031353]]
```

1.8.3 ndarray による行列計算

NumPy には，行列の積和演算，逆行列計算，行列式計算，固有値計算などの関数が用意されている．NumPy による行列数値計算の例をプログラム 1.11 に示す．

プログラム 1.11

```
1   import numpy as np
2
3   matA = np.array([[5, 2, 9], [6, 1, 7], [4, 8, 3]])
4   matB = np.array([[7, 4, 2], [3, 9, 5], [6, 1, 8]])
5
6   print(np.linalg.inv(matA))
```

```
 7
 8  print(matA.T)
 9
10  print(matA @ matB)
11
12  print(matA @ np.linalg.inv(matA))
```

　行 3 と 4 で，3 行 3 列の行列 matA と matB を定義する．行 6 では，NumPy の
線形演算モジュール linalg の逆行列関数 inv() を用いて matA の逆行列を計算
して結果を出力する．行 8 で matA の転置行列を出力．行 10 で，行列積の計算．
ここで，@ は行列積の演算子である．演算子 *，/，+，-，** などは，1.8.4 項
で述べるように，要素どうしの演算になることに注意．行 12 は，行列とその逆行
列の積は単位行列であることを出力している．

　プログラム **1.11** の出力

```
 1  [[-0.35099338  0.43708609  0.03311258]
 2   [ 0.06622517 -0.13907285  0.12582781]
 3   [ 0.29139073 -0.21192053 -0.04635762]]
 4  [[5 6 4]
 5   [2 1 8]
 6   [9 7 3]]
 7  [[95 47 92]
 8   [87 40 73]
 9   [70 91 72]]
10  [[ 1.00000000e+00 -2.22044605e-16  6.93889390e-18]
11   [ 1.66533454e-16  1.00000000e+00 -6.93889390e-18]
12   [ 1.66533454e-16 -2.22044605e-16  1.00000000e+00]]
```

1.8.4　ユニバーサル関数（ufunc）によるベクトル化演算

　NumPy 配列の各要素に対して繰り返し演算を効率よく実行するために，ユニ
バーサル関数（ufunc）が実装されている．配列の全要素に対して要素ごとに演
算子や関数を適用することができる．Python の算術演算子，絶対値，三角関数，
指数関数，対数関数なども NumPy の ufunc として利用可能である．

　プログラム **1.12**

```
 1  import numpy as np
 2
 3  vec_a = np.arange(4); print(vec_a)
```

22   1. Python 入門

```
4   vec_b = vec_a + 5; print(vec_b)
5   vec_c = vec_a + vec_b; print(vec_c)
6   print(vec_a ** 2)
7   print(np.sin(vec_b))
8   print(vec_a * vec_b)
9
10  mat_a = np.arange(16).reshape((4, 4)); print(mat_a)
11  mat_b = mat_a ** 2; print(mat_b)
12  mat_c = np.sqrt(mat_a); print(mat_c)
```

行 10 では，要素数が 16 の 1 次元アレイ（ベクトル）を 4 行 4 列の 2 次元アレ
イ（行列）に変換している．

プログラム 1.12 の出力

```
1   [0 1 2 3]
2   [5 6 7 8]
3   [ 5  7  9 11]
4   [0 1 4 9]
5   [-0.95892427 -0.2794155   0.6569866   0.98935825]
6   [ 0  6 14 24]
7   [[ 0  1  2  3]
8    [ 4  5  6  7]
9    [ 8  9 10 11]
10   [12 13 14 15]]
11  [[  0   1   4   9]
12   [ 16  25  36  49]
13   [ 64  81 100 121]
14   [144 169 196 225]]
15  [[0.         1.         1.41421356 1.73205081]
16   [2.         2.23606798 2.44948974 2.64575131]
17   [2.82842712 3.         3.16227766 3.31662479]
18   [3.46410162 3.60555128 3.74165739 3.87298335]]
```

1.8.5　SciPy による科学技術計算

SciPy は，NumPy の上に構築された科学技術計算用のライブラリ群である．同
じ名前の関数が，NumPy にも SciPy にも存在することも多いが，SciPy の関数
の方がより最適化され機能が拡張されているものが多い．光学に関係すると思わ
れるサブパッケージを表 1.4 に示す．fftpack の使用例は，1.11.2 項に示す [4]．

---

[4]　SciPy のパッケージに関しては https://docs.scipy.org/doc/scipy/を参照.

1.8 NumPy と SciPy による科学技術計算　　　23

表 1.4　主な SciPy 組込みサブパッケージ

サブパッケージ名	内容	サブパッケージ名	内容
constants	物理定数，数学定数	linalg	線形代数
fftpack	FFT 関連の関数	ndimage	N 次元画像処理
integrate	積分，常微分方程式の解	optimize	最適化
interpolate	内挿，スムージング	signal	信号処理
io	入出力	special	特殊関数

● 数 値 積 分

被積分関数の数値積分では，ガウス求積法（Gaussian quadrature）が使われる．関数 $f(x) = 1/(ax^2 + b)$ を $[0, \infty]$ の範囲で積分する例をプログラム 1.13 に示す．ただし，$a = 2.0$，$b = 3.0$ とする．

プログラム 1.13

```
1   import scipy.integrate
2   import numpy as np
3
4   def func(x, a, b):
5       return 1 / (a * x**2 + b)
6
7   a = 2
8   b = 3
9   result = scipy.integrate.quad(func, 0, np.infty, args = (a, b))
10  print(result)
11
12  print(np.pi/(2 * np.sqrt(a * b)))
```

行 4 で被積分関数の定義，行 9 で integrate.quad による数値積分を実行する．args = (a, b) で，被積分関数に与えるパラメーターを指定する．

プログラム 1.13 の出力

```
1   (0.641274915080932, 1.563826663243716e-10)
2   0.641274915080932
```

積分の結果は配列で出力され，プログラム 1.13 の出力の行 1 のようにタプル（ , ）で出力される．第 1 項は積分値，第 2 項は誤差である．積分値のみを得たいときには，result[0] とすればよい．出力の行 2 は，被積分関数の定積分 $\pi/(2\sqrt{ab})$ から計算した値である．

● 特殊関数

組込み関数の一例として，特殊関数である第1種ベッセル関数の使用例をプログラム 1.14 に示す．グラフの表示法については 1.9 節を参照のこと．

jn_zeros(n,m) は，n 次のベッセル関数の 0 点位置を m 個，リストとして返す関数である．print 文の出力は [2.40482556 5.52007811 8.65372791] である．

プログラム 1.14

```
1  import numpy as np
2  import matplotlib.pyplot as plt
3  from scipy.special import jv, jn_zeros
4
5  fig, ax = plt.subplots()
6  ax.set_title("Bessel functions of the first kind", size=10)
7  ax.grid()
8  ax.set_xlim(-10, 10)
9  ax.set_ylim(-1.5, 1.5)
10 ax.set_xlabel("$x$", size=10, labelpad=10)
11 ax.set_ylabel("$J_n(x)$", size=10, labelpad=8)
12
13 x = np.linspace(-10, 10, 101)
14
15 ax.plot(x, jv(0, x), "-k", label="n={}".format(0))
16 ax.plot(x, jv(1, x), "--k", label="n={}".format(1))
17 ax.legend()
```

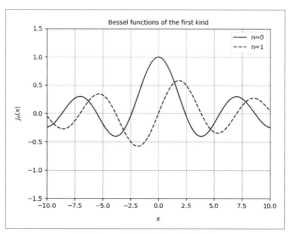

図 1.10　プログラム 1.14 の出力

```
18  fig.savefig("sci_bessel.png")
19
20  print(jn_zeros(0,3))
```

1.9　グラフィックス（Matplotlib）

NumPy配列を可視化するためのライブラリとして，Matplotlibがある．Matplotlibは2つのインターフェイスを備えている．つまり，MATLABスタイルとオブジェクト指向スタイルである．従来科学技術計算で利用されてきたMATLABのスタイルと類似のコマンドが使えるMATLABインターフェイスではグラフを簡単に描くことができる．一方，オブジェクト指向インターフェイスでは，より複雑な状況にも対応可能で細かく図を制御できる．

1.9.1　MATLABスタイル

プログラム 1.15

```
1   import matplotlib.pyplot as plt
2   import numpy as np
3
4   x = np.linspace(0, 10, 100)
5
6   fig = plt.figure()
7
8   # 第1のプロット
9   plt.subplot(3, 1, 1)
10  plt.plot(x, np.cos(x), "-k")
11  plt.xticks([])
12
13  # 第2のプロット
14  plt.subplot(3, 1, 2)
15  plt.plot(x, np.cos(2.5 * x), "-k")
16  plt.ylim(-2.0, 2.0)
17  plt.xticks([])
18
19  # 第3のプロット
20  plt.subplot(3, 1, 3)
21  plt.plot(x, np.sin(2.5 * x), "k")
22  plt.plot(x, np.cos(2.5 * x), "--k")
```

```
23  plt.xlabel("$x$")
24  plt.xticks([0, 2.5, 5.0, 7.5, 10.0])
25
26  fig.savefig('test_plot_01.png')
```

行6でfigureを作成.行9で領域を3行1列とし,第1のグラフを第1行の位置に出力することを宣言.行26でグラフをファイルに保存する.

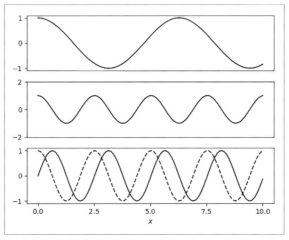

図 1.11　プログラム 1.15 の出力

1.9.2　オブジェクト指向スタイル

プログラム 1.16

```
1   import matplotlib.pyplot as plt
2   import numpy as np
3
4   x = np.linspace(0, 10, 100)
5
6   fig, ax = plt.subplots(2)
7
8   ax[0].plot(x, np.sin(2.5 * x), "-k")
9   ax[1].plot(x, np.sin(2.5 * x) + np.cos(5.0 * x), "-k")
10  ax[1].set_ylim(-2, 2)
11  ax[1].set_xlabel("$x$-axis")
12
```

```
13  fig.savefig('test_plot_02.png')
```

行 6 で，プロットの領域に 2 つのサブプロットを作る．行 8 で最初のグラフを描く．行 9 で 2 番目のグラフを描き，行 10，11 で軸の特性を指定する．

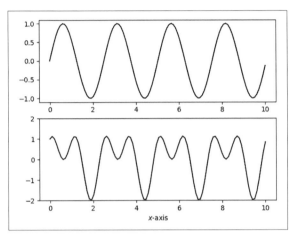

図 1.12 プログラム 1.16 の出力

3 次元のデータを 2 次元表示することもできる．等高線表示には plt.contour が，濃淡画像表示には plt.imshow がある．

プログラム **1.17**

```
1   import matplotlib.pyplot as plt
2   import numpy as np
3
4   def func(x, y):
5       r = np.sqrt(x ** 2 + y ** 2)
6       zp = (1 + np.cos(r ** 2)) / 2
7       return zp
8
9   x = np.linspace(0, 5, 200)
10  y = np.linspace(0, 5, 200)
11
12  X, Y = np.meshgrid(x, y)
13  Z = func(X, Y)
14
15  fig, ax = plt.subplots()
16
17  ax.imshow(Z,extent=[0, 5, 0, 5], origin="lower", cmap="gray")
```

```
18  ax.axis(aspect="image")
19
20  plt.savefig("test_zone.png")
```

行 4 で 2 次元関数の定義．行 9，10 で 1 次元配列を定義．行 12 で 2 次元グリッドを生成する．行 13 で 2 次元画像データを生成．行 17 で画像を表示する．`plt.imshow` は通常の画像配列のように左上が原点である．座標の原点を左下にするため，`origin="lower"`を指定している．

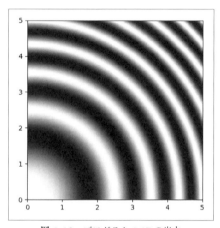

図 1.13 プログラム 1.17 の出力

1.10 SymPy による数式処理

Python では，数値的な演算ばかりでなく，記号演算（数式処理）も可能である．Python のライブラリ SymPy がそれである．数式の因数分解，方程式の代数解，微分や積分計算，ベクトルや行列の代数計算など，光学で使われるほぼ全ての代数演算を実装している．

1.10.1 変 数 記 号

SymPy では，NumPy などで使われる数値的な記号とは区別して，記号変数を使うことが可能である．そのための記号変数の使用例をプログラム 1.18～1.20 に示す．

1.10 SymPy による数式処理 29

プログラム 1.18

```
 1  In [1]: from sympy import Symbol
 2
 3  In [2]: x = Symbol("x")
 4
 5  In [3]: x * x + 2 * x + 1
 6  Out[3]:
 7  x**2 + 2*x + 1
 8
 9  In [4]: a = 4
10
11  In [5]: a * a + 2 * a + 1
12  Out[5]: 25
```

　行 1 で，SymPy の記号変数を定義する関数 Symbol を読み込む．行 3 で x は記号変数であることを宣言．行 5 で記号変数の式を入力すると，行 7 のように記号変数式が出力される．一方，行 9 のように値 4 を持つ変数 a を定義し，変数式を入力すると，式が評価され数値 25 が出力される．

プログラム 1.19

```
 1  In [1]: from sympy import symbols, var
 2
 3  In [2]: x1, x2, x3 = symbols("x1, x2, x3")
 4
 5  In [3]: x1 * x2
 6  Out[3]:
 7  x1*x2
 8
 9  In [4]: var("m1, m2, m3")
10  Out[4]: (m1, m2, m3)
11
12  In [5]: m1.name
13  Out[5]:
14        'm1'
```

　行 1 のように，モジュール symbols，var を読み込むと，行 3 や行 9 のように，記号変数を宣言できる．

プログラム 1.20

```
 1  In [1]: from sympy.abc import alpha, a, A
 2
```

30   1. Python 入門

```
3   In [2]: alpha = a + a + A
4
5   In [2]: alpha
6   Out[2]: A + 2*a
7
8   In [3]: beta = alpha * A + a
9
10  In [4]: beta
11  Out[4]: A*(A + 2*a) + a
```

行 1 のように，モジュール sympy.abc では，アルファベット小文字と大文字，ギリシャ小文字があらかじめ記号変数名として用意されている [*5)].

1.10.2 基本的な定数と関数，式の整理

● 基 本 定 数

SymPy の基本定数として，虚数単位 i (I)，自然対数の底 e (E)，円周率 (pi)，無限大 ∞ (oo) がある．

プログラム 1.21

```
1   In [1]: from sympy import I, E, pi, oo
2
3   In [2]: E**(I * pi) + 1
4   Out[2]:
5   0
```

● 基 本 関 数

SymPy が備えている基本関数を表 1.5 に示す．

表 1.5 SymPy の基本関数と関数の定義

絶対値	平方根	指数関数	対数	三角関数	逆三角関数	双曲線関数
abs	sqrt	exp	ln, log	sin cos tan	asin acos atan	sinh cosh tanh

また，Python の記法で SymPy 変数の関数を定義することができる．

[*5)] lambda は lamda となっている．これは lambda が「Python」の予約語となっているためである．

1.10 SymPy による数式処理 31

プログラム **1.22**

```
In [1]: from sympy import symbols, sqrt

In [2]: x, y = symbols("x,y")

In [3]: def f(x,y):
   ...: return sqrt(x**2 + y**2)
   ...:

In [4]: f(x, y)
Out[4]:
sqrt(x**2 + y**2)

In [5]: f(3, 4)
Out[5]:
5
```

● **式の展開, 因数分解, 整理**

式の展開と因数分解の例を示す.

プログラム **1.23**

```
In [1]: from sympy import expand, factor

In [2]: from sympy.abc import x, y

In [3]: expr = (x + y)**3

In [4]: expand(expr)
Out[4]:
x**3 + 3*x**2*y + 3*x*y**2 + y**3

In [5]: factor(_)
Out[5]:
(x + y)**3
```

行 11 の _ は, 直前の出力を示す.

三角関数の展開には, expand() に引数 trig=True を付ける必要がある.

プログラム **1.24**

```
In [1]: from sympy import expand, cos

```

```
3 | In [2]: expand(cos(4*x), trig=True)
4 | Out[2]:
5 | 8*cos(x)**4 - 8*cos(x)**2 + 1
```

三角関数式の簡単化を行う関数は trigsimp() である.

プログラム 1.25

```
 1 | In [1]: from sympy import expand, trigsimp, cos
 2 |
 3 | In [2]: from sympy.abc import theta
 4 |
 5 | In [3]: expr = expand(cos(3*theta), trig=True)
 6 |
 7 | In [4]: expr
 8 | Out[4]:
 9 | 4*cos(theta)**3 - 3*cos(theta)
10 |
11 | In [5]: trigsimp(expr)
12 | Out[5]:
13 | cos(3*theta)
```

● 値 の 代 入

式に値を代入するために, subs() メソッドがある.

プログラム 1.26

```
 1 | In [1]: from sympy import symbols, simplify
 2 |
 3 | In [2]: x, y = symbols("x, y")
 4 |
 5 | In [3]: eq = x**2 - 3*x*y + 4*y**2
 6 |
 7 | In [4]: eq.subs({x:2, y:-1})
 8 | Out[4]:
 9 | 14
10 |
11 | In [5]: eq.subs({y:1-2*x})
12 | Out[5]:
13 | x**2 - 3*x*(1 - 2*x) + 4*(1 - 2*x)**2
14 |
15 | In [6]: simplify(_)
16 | Out[6]:
17 | 23*x**2 - 19*x + 4
```

1.10 SymPy による数式処理   *33*

1.10.3 微分積分，方程式
● 微分・不定積分・定積分

プログラム **1.27**

```
 1  In [1]: from sympy import Symbol, simplify, diff, sin, cos
 2
 3  In [2]: x = Symbol("x")
 4
 5  In [3]: diff(x**3 + sin(2*x) + 1, x)
 6  Out[3]:
 7  3*x**2 + 2*cos(2*x)
 8
 9  In [4]: diff(_,x,2)
10  Out[4]:
11  2*(3 - 4*cos(2*x))
12
13  In [5]: simplify(_)
14  Out[5]:
15  6 - 8*cos(2*x)
16
17  In [6]: f = x**4 + 2*x**2 + 1
18
19  In [7]: f.diff(x,2)
20  Out[7]:
21  4*(3*x**2 + 1)
```

　行 5 では，記号変数式 x**3+sin(2*x)+1 を x で微分．行 9 では直前の出力の 2 階 x 微分を計算．行 13 は，直前の出力の整理．行 19 のようにメソッド diff() でも微分ができる．

プログラム **1.28**

```
 1  In [1]: from sympy import Symbol, integrate, sin, cos, exp, oo
 2
 3  In [2]: x = Symbol("x")
 4
 5  In [3]: a = Symbol("a")
 6
 7  In [4]: f = 4*x**3 + 2*x + 1
 8
 9  In [5]: integrate(f,x)
10  Out[5]:
11  x**4 + x**2 + x
```

34   1. Python 入 門

```
12
13   In [6]: integrate(f, (x,0,1))
14   Out[6]:
15   3
16
17   In [7]: g = integrate(exp(-x**2), (x,-oo,oo))
18
19   In [8]: g
20   Out[9]:
21   sqrt(pi)
22
23   In[10]: integrate(exp(-x**2), (x,-oo,oo)).evalf()
24   Out[10]:
25   1.77245385090552
```

　行 9 では，式 f を x で不定積分．行 13 では，式 f の [0,1] の積分．行 17 で
は，exp(-x**2) の区間 $[-\infty, \infty]$ の定積分．その値は，行 21 のように $\sqrt{\pi}$ であ
る．行 23 のようにメソッド.evalf() によって，実数値が得られる．

● 多項方程式・連立方程式・方程式の数式解

プログラム 1.29

```
1    In [1]: from sympy import solve
2
3    In [2]: from sympy.abc import x, y, z, a, b, c
4
5    In [3]: s = solve(x**2 + x + 2, x)
6
7    In [4]: s
8    Out[4]: [-1/2 - sqrt(7)*I/2, -1/2 + sqrt(7)*I/2]
9
10   In [5]: s[0]
11   Out[5]:
12   -1/2 - sqrt(7)*I/2
13
14   In [6]: ss = solve(a*x**2 + b*x + c, x); ss
15   Out[6]: [(-b + sqrt(-4*a*c + b**2))/(2*a),
16   -(b + sqrt(-4*a*c + b**2))/(2*a)]
17
18   In [7]: ss[0].subs({a:1, b:1, c:2})
19   Out[7]:
20   -1/2 + sqrt(7)*I/2
21
```

1.10 SymPy による数式処理 35

```
22  In [8]: solve([2*x + y -3*z + 5, -x + 4*y + z - 10,
23  3*x -5*y + 2*z + 1], [x, y, z])
24  Out[8]: {x: 1, y: 2, z: 3}
```

行5で方程式 x**2 + x + 2 = 0 の x について解を求める．その結果は，行
8である．解は2つある．1番目の解は行12の s[0] である．行14で，方程式
a * x**2 + b *x + c = 0 の解を求め，; ss でその解を行15に出力する．行
18で，その出力の第1解に変数の値を代入し，結果を行20に得る．行22は，連
立方程式の解を求めている．

プログラム 1.30

```
1   In [1]: from sympy import Symbol, solve
2
3   In [2]: x = Symbol("x")
4
5   In [3]: def f(x):
6       ...:        return x**3 + 4*x**2 +1
7       ...:
8
9   In [4]: ans = solve(f(x))
10
11  In [5]: print(ans)
12  [-4/3 - 16/(3*(-1/2 - sqrt(3)*I/2)*(3*sqrt(849)/2 + 155/2)**(1/3))
13  - (-1/2 - sqrt(3)*I/2)*(3*sqrt(849)/2 + 155/2)**(1/3)/3, -4/3 -
14  (-1/2 + sqrt(3)*I/2)*(3*sqrt(849)/2 + 155/2)**(1/3)/3 - 16/(3*(-1/2
15  + sqrt(3)*I/2)*(3*sqrt(849)/2 + 155/2)**(1/3)), -(3*sqrt(849)/2 +
16  155/2)**(1/3)/3 - 4/3 - 16/(3*(3*sqrt(849)/2 + 155/2)**(1/3))]
17
18  In [6]: for nu_ans in ans:
19      ...:        print(nu_ans.evalf(5))
20      ...:
21  0.030324 + 0.49532*I
22  0.030324 - 0.49532*I
23  -4.0606
24
25  In [7]: ans2 = float(ans[2])
26
27  In [8]: f(ans2)
28  Out[8]: 0.0
29
30  In [9]: complex(ans[0])
31  Out[9]: (0.030323513777071227+0.495324799177201j)
```

36   1. Python 入 門

```
32
33  In [10]: f(_)
34  Out[11]: -1.3877787807814457e-17j
```

　行 5 で，3 次関数 f(x) = x**3 + 4 * x**2 + 1 を定義．行 9 で f(x) = 0
を解く．行 11 で 3 つの解のリストを印刷する．行 18 で 3 つの解の数値を求め
る．行 25 で 3 番目の解に ans2 と名づけ，行 27 で f(x) に代入し，行 28 のよう
に 0 となることから ans2 は正しい解であることがわかる．行 30 で 1 番目の複
素解 ans[0] を表示し，行 33 で f(x) に代入し，きわめて 0 に近い値であること
から，これも正しい解であることが証明される．

1.10.4　ベクトルと行列

　NumPy を使ってベクトルと行列の数値計算が可能であることは，1.8.3 項で
述べた．SymPy はベクトルと行列の代数演算をサポートしている．
● ベクトル演算
　SymPy においてベクトルと行列を生成するために，Matrix クラスが用いら
れる．

　プログラム 1.31

```
1   In [1]: from sympy import Matrix, symbols
2
3   In [2]: x1, x2, x3 = symbols("x1 x2 x3")
4
5   In [3]: x = Matrix([x1, x2, x3])
6
7   In [4]: x
8   Out[4]:
9   Matrix([
10  [x1],
11  [x2],
12  [x3]])
13
14  In [5]: y = Matrix(symbols("y1:4"))
15
16  Im [5]: y
17  Out[5]:
18  Matrix([
19  [y1],
20  [y2],
```

1.10 SymPy による数式処理　　　37

```
21  [y3]])
22
23  In [6]: x.dot(y)
24  Out[6]:
25  x1*y1 + x2*y2 + x3*y3
26
27  In [7]: x.cross(y)
28  Out[7]:
29  Matrix([
30  [ x2*y3 - x3*y2],
31  [-x1*y3 + x3*y1],
32  [ x1*y2 - x2*y1]])
```

　行5で行ベクトルを定義. 行14のように簡単化した記法もある. 行23でベクトルの内積を, 行27で外積を計算する.

● 行 列 演 算

プログラム 1.32

```
1   from sympy import Matrix, sin, cos, pi, zeros, ones
2   from sympy.abc import a, b, c, d, theta
3
4   In [1]: A = Matrix([[1, 2], [3, 4]])
5
6   In [2]: B = Matrix([[a, b], [c, d]])
7
8   In [3]: A
9   Out[3]:
10  Matrix([
11  [1, 2],
12  [3, 4]])
13
14  In [4]: B
15  Out[4]:
16  Matrix([
17  [a, b],
18  [c, d]])
19
20  In [5]:  A/2
21  Out[5]:
22  Matrix([
23  [1/2, 1],
24  [3/2, 2]])
```

38   1. Python 入 門

```
In [6]: A * B
Out[6]:
Matrix([
[  a + 2*c,   b + 2*d],
[3*a + 4*c, 3*b + 4*d]])

In [7]: zeros(2,2)
Out[7]:
Matrix([
[0, 0],
[0, 0]])

In [8]: ones(3, 3)
Out[8]:
Matrix([
[1, 1, 1],
[1, 1, 1],
[1, 1, 1]])

In [9]: C = Matrix([[cos(theta), -sin(theta)], \
                    [sin(theta), cos(theta)]])

In [10]: C
Out[10]:
Matrix([
[cos(theta), -sin(theta)],
[sin(theta),  cos(theta)]])

In [11]: D = C*C

In [12]: D
Out[12]:
Matrix([
[-sin(theta)**2 + cos(theta)**2,         -2*sin(theta)*cos(theta)],
[       2*sin(theta)*cos(theta), -sin(theta)**2 + cos(theta)**2]])

In [13]: D.simplify()

In [14]: D
Out[14]:
Matrix([
[cos(2*theta), -sin(2*theta)],
```

68 | `[sin(2*theta), cos(2*theta)]])`

行 4 と 6 で 2 行 2 列の行列を定義. 行 20 で A/2 の計算. 行 26 で行列 A と B の積を計算. 行 32 で全要素が 0 の行列を定義. 行 38 で全要素が 1 の行列を定義. 行 45 は，直交座標系を theta 回転させる回転行列である. 行 54 で，回転を 2 回繰り返すと，その結果は行 57 になる. これを行 62 で整理すると行 65 になる. つまり，行 45 の theta を 2 倍したものになる.

逆行列，行列式，随伴行列を求めることもできる.

プログラム 1.33

```
1    from sympy import Matrix
2    from sympy.abc import a, b, c, d
3
4    In [1]: A = Matrix([[a, b], [c, d]])
5
6    In [2]: A
7    Out[2]:
8    Matrix([
9    [a, b],
10   [c, d]])
11
12   In [3]: A.inv()
13   Out[3]:
14   Matrix([
15   [ d/(a*d - b*c), -b/(a*d - b*c)],
16   [-c/(a*d - b*c),  a/(a*d - b*c)]])
17
18   In [4]: A**(-1)
19   Out[4]:
20   Matrix([
21   [ d/(a*d - b*c), -b/(a*d - b*c)],
22   [-c/(a*d - b*c),  a/(a*d - b*c)]])
23
24   In [5]: A.det()
25   Out[5]:
26   a*d - b*c
27
28   In [6]: A.transpose()
29   Out[6]:
30   Matrix([
31   [a, c],
```

```
32  [b, d]])
33
34  In [7]: A.T
35  Out[7]:
36  Matrix([
37  [a, c],
38  [b, d]])
39
40  In [8]: A.C
41  Out[8]:
42  Matrix([
43  [conjugate(a), conjugate(b)],
44  [conjugate(c), conjugate(d)]])
45
46  In [9]: A.H
47  Out[9]:
48  Matrix([
49  [conjugate(a), conjugate(c)],
50  [conjugate(b), conjugate(d)]])
```

行 12 と行 18 で逆行列を計算. 転置行列は, 行 28 と行 34 で与えられる. 行 40 で複素共役行列, 行 46 で随伴行列が得られる.

次に, 2 つのベクトル $\mathbf{v}_1$ と $\mathbf{v}_2$ の成す角 θ を求めてみよう. $\theta = \cos^{-1}[\mathbf{v}_1 \cdot \mathbf{v}_2/(|\mathbf{v}_1||\mathbf{v}_2|)]$ であることに注意しよう.

プログラム 1.34

```
1   from sympy import Matrix, pi, acos, sqrt
2   from sympy.abc import a, b, c, d
3   import math
4
5   v1 = Matrix([a,b])
6   v2 = Matrix([c,d])
7
8   theta = acos(v1.dot(v2)/(v1.norm()*v2.norm()))
9   print("Angle between v1 and v2 is : \n", theta, "\n")
10  theta = theta.subs({a:sqrt(3), b:1, c:1/2, d:sqrt(3)/2})
11  theta_rad = theta.evalf()
12  theta_deg = math.degrees(theta_rad)
13  print("Angle in degree: {:.2f}".format(theta_deg))
```

行 8 で, 角度 θ を計算. 行 9 で結果を出力. 行 10 で, 一例として $a = \sqrt{3}$, $b = 1$, $c = 1/2$, $d = \sqrt{3}/2$ を代入. 行 12 で角度をラディアンから度に変換し

て，行 13 で印刷する．

プログラム 1.34 の出力

```
1  Angle between v1 and v2 is :
2   acos((a*c + b*d)/(sqrt(Abs(a)**2 + Abs(b)**2)*sqrt(Abs(c)**2
3  + Abs(d)**2)))
4
5  Angle in degree:
6   30.00
```

1.11　SciPy による高速フーリエ変換（FFT）

1.11.1　フーリエ変換，離散フーリエ変換（DFT），高速フーリエ変換（FFT）

　光学や信号処理の分野で，フーリエ変換の役割はきわめて大きい．なめらかで発散しない関数 $f(x)$ に対して，

$$F(\nu) = \int_{-\infty}^{\infty} f(x) \exp(-\mathrm{i}2\pi x\nu)\mathrm{d}x \tag{1.1}$$

で定義される関数 $F(\nu)$ を，関数 $f(x)$ のフーリエ変換という．フーリエ変換は，実信号を周波数領域の信号に変換する数学的な方法である．フーリエ変換には逆変換が存在し，

$$f(x) = \int_{-\infty}^{\infty} F(\nu) \exp(\mathrm{i}2\pi x\nu)\mathrm{d}\nu \tag{1.2}$$

である．このフーリエ変換を離散化したものが，離散フーリエ変換（Discrete Fourier Transform: DFT）である．関数 $f(x)$ の等間隔に並んだ N 個の標本 $x_0, x_1, \ldots, x_{N-1}$ を

$$X_k = \sum_{n=0}^{N-1} x_n \exp\left(-\mathrm{i}\frac{2\pi kn}{N}\right), \qquad k = 0, 1, \ldots, N-1 \tag{1.3}$$

に従って変換した N 個の複素数列を X_k とする．これを離散フーリエ変換という．逆変換は，

$$x_n = \frac{1}{N} \sum_{k=0}^{N-1} X_k \exp\left(\mathrm{i}\frac{2\pi kn}{N}\right), \qquad n = 0, 1, \ldots, N-1 \tag{1.4}$$

である．x の標本間隔を Δx とし，スペクトル標本の間隔を $\Delta\nu$ とすると，

42   1. Python 入 門

$\Delta x \cdot \Delta \nu = 1/N$ の関係がある.

離散フーリエ変換は,計算量爆発が起こる典型的な例である.標本点数 N が増加するとその計算量は N^2 で増加することが知られている.離散フーリエ変換を効率よく計算するアルゴリズムが,高速フーリエ変換（Fast Fourier Transform: FFT）である.Python では,NumPy と SciPy に FFT 関連の関数が実装されている.numpy.fft() と scipy.fftpack() である.これらは異なる関数の実装である.多くの場合,SciPy 実装の方が機能が拡張されており計算速度も速い.

1.11.2 SciPy.fftpack モジュール

scipy.fftpack モジュールには,FFT に基づいた 1 次元 fft, 2 次元 fft2, 多次元 fftn のコードが実装されている.それに対応する逆変換は,ifft, ifft2, ifftn である.サンプリング周波数を返す fftfreq や周波数ゼロの成分を中央にシフトさせる fftshift とその逆シフト ifftshift もある.

プログラム 1.35

```
1   from scipy.fftpack import fft, fftfreq
2   import matplotlib.pyplot as plt
3   import numpy as np
4
5   freq = 5
6   s_rate = 100
7   t = np.linspace(0, 2, 2 * s_rate, endpoint=False)
8   x = np.cos(2 * np.pi * freq * t) + 0.5 * np.cos(2 * np.pi * 2 * freq * t)
9
10  fig, ax = plt.subplots()
11  ax.plot(t, x, "-k")
12  ax.set_xlabel("$t$")
13  fig.savefig("sci_fft01_signal.png")
14
15  X = fft(x)
16  f = fftfreq(len(x)) * s_rate
17
18  fig, ax = plt.subplots()
19  ax.plot(f, np.abs(X), "k")
20  ax.set_xlabel("$freq.$")
21  fig.savefig("sci_fft01_spec.png")
```

行 7 で時間変数を設定.行 8 で信号波形を定義.行 15 で FFT 計算を実行し,

1.11 SciPyによる高速フーリエ変換（FFT）

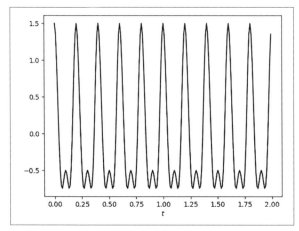

(a) 入力信号

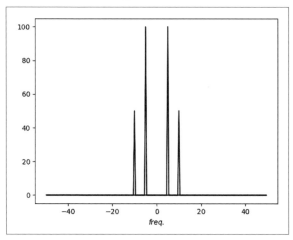

(b) そのスペクトルの振幅

図 1.14 プログラム 1.35 の出力

行 16 で周波数値を求める．

図 1.14 に入力信号とそのスペクトルの振幅を示す．

逆フーリエ変換には ifft() が用意されている．2次元フーリエ変換には fft2() が，多次元フーリエ変換には fftn() がある．

1.12 アニメーション

シミュレーションの結果やグラフ表示でしばしばアニメーションの機能を使うと便利なことが多い．Matplotlib はアニメーションの機能も備えている．matplotlib.animation モジュールには，ArtistAnimation と FuncAnimation の2つのクラスがある．ArtistAnimation は，事前に複数のグラフ要素を制作しておき，これらを順次表示してアニメーションにする．一方，FuncAnimation は，グラフ更新用の関数を定義しておき，関数を実行しながらアニメーション表示を行う．

ArtistAnimation によるアニメーションの例をプログラム 1.36 に示す．出力例（動画ではない）を図 1.15 に示す．

プログラム 1.36

```
 1  import numpy as np
 2  import matplotlib.pyplot as plt
 3  from matplotlib import animation
 4
 5
 6  def wave(x, t, v):
 7      return np.cos(2 * np.pi * (x - v * t))
 8
 9  fig, ax = plt.subplots()
10  anim = []
11
12  v = 1
13  w = 10
14  x = np.linspace(0, 10, 200)
15  for i in range(100):
16      time = i/10.0
17      y = wave(x, time, v)
18      image = ax.plot(x, y, color="black")
19      plt.title("Animation of sinusoidal wave")
20      plt.ylim(-5,5)
21      anim.append(image)
22
23  ani = animation.ArtistAnimation(fig, anim, interval=100)
24  plt.show()
```

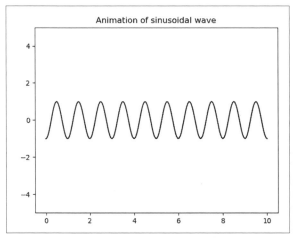

図 1.15　プログラム 1.36 の出力

行 6 で表示する関数を定義．行 10 で，アニメーションのデータ anim 領域を確保．行 15 から行 21 で，時間が違う 100 枚のフレームを描き anim オブジェクトに蓄積する．行 23 で anim のデータを表示する．interval=100 はフレーム間隔が 100 ms であることの指定である．

1.13　スライダー・ボタン

matplotlib.widgets の Slider クラスのスライダーを使用すると，マウス操作で値を変更でき，グラフなどを更新できる．ボタンは操作の切り替えなどができる．

プログラム 1.37

```
import numpy as np
import matplotlib.pyplot as plt
from matplotlib.widgets import Slider, Button

# 表示する関数の定義
def f(t, amp, freq):
    return amp * np.cos(2 * np.pi * freq * t **2)

t = np.linspace(0, 1, 1000)

# 係数の初期値
```

```
12  init_amp = 5
13  init_freq = 1
14
15  # 図の設定と関数
16  fig, ax = plt.subplots()
17  line, = ax.plot(t, f(t, init_amp, init_freq), lw=1, color="black")
18  ax.set_xlabel("Time [s]")
19
20  # スライダー用スペースの確保
21  fig.subplots_adjust(left=0.25, bottom=0.25)
22
23  # 水平スライダーの定義
24  axfreq = fig.add_axes([0.25, 0.1, 0.65, 0.03])
25  freq_slider = Slider(
26      ax=axfreq,
27      label="Frequency [Hz]",
28      valmin=0.1,
29      valmax=30,
30      valinit=init_freq)
31
32  # 垂直スライダーの定義
33  axamp = fig.add_axes([0.1, 0.25, 0.0225, 0.63])
34  amp_slider = Slider(
35      ax=axamp,
36      label="Amplitude",
37      valmin=0,
38      valmax=10,
39      valinit=init_amp,
40      orientation="vertical")
41
42  # 関数係数のアップデート
43  def update(val):
44      line.set_ydata(f(t, amp_slider.val, freq_slider.val))
45
46  # スライダー用のアップデート関数の設定
47  freq_slider.on_changed(update)
48  amp_slider.on_changed(update)
49
50  # ボタンの位置設定と定義
51  resetax = fig.add_axes([0.8, 0.025, 0.1, 0.04])
52  button = Button(resetax, "Reset")
53
54  def reset(event):
```

```
55      freq_slider.reset()
56      amp_slider.reset()
57  button.on_clicked(reset)
58
59  plt.show()
```

行 6 で表示する関数を定義．行 11 で係数の初期値の設定．行 16 で図の設定と関数を指定する．行 21 でスライダー用のスペースを確保し，行 24 で水平スライダーを定義し，行 33 で垂直スライダーを定義，行 43 で関数係数のアップデートを実行する．行 47, 48 で各スライダーのアップデートを設定．行 51, 52 でボタンの定義と位置を設定する．

プログラム 1.37 の出力を図 1.16 に示す．関数 f( ) が定義する計算式 amp $\cos(2\pi \text{ freq } t^2)$ に対して，2 つのスライダーにより，マウスを使って振幅 amp と周波数 freq を変えることができる．ボタン Reset をクリックすると，スライダーを初期値に戻すことができる．

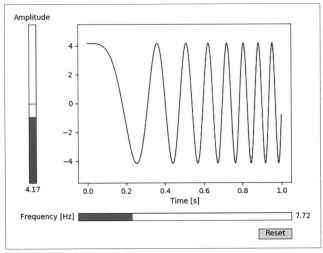

図 1.16 プログラム 1.37 の出力

2 | 光 学 と は

　地球上のあらゆる生物は，太陽光の恩恵を受けて誕生し進化してきた．人類も然り，太陽からの恵みで食物を採ることができ，外界からの情報を得るためにも光が必要である．光は我々の生活に不可欠なものである．光の振る舞いや本質を理解するための学問が光学である．

　光に関係する学問は，長い間物理学の重要な部分を占めてきたばかりでなく，生物学や農学などの分野においても大きな影響を与えてきた．また当然のことではあるが，光学の知識を応用した技術の発展もめざましく，我々の生活に大きな恩恵をもたらし，学問自体の発展にも大きく貢献している．

2.1 光 と は 何 か

　それでは，光とは一体何か．現在の物理学では，電磁波の一種であると理解されている．電磁波とは，電場と磁場の振動が空間を波として伝播する現象である．それでは，電場とは何か，磁場とは何か，と次々と疑問が湧いてくる．これらは，以後順次説明する．

　電磁波は，その波長で分類されている．波長の最も短い電磁波はガンマ線であり，それより波長が長い電磁波は，X線，紫外線，可視光，赤外線，マイクロ波，電波と呼ばれている．可視光は人間の眼が感知できる波長の電磁波であり，単に光と呼ばれる．可視光線の波長は，$380\,\mathrm{nm}$ から $800\,\mathrm{nm}$ ほどである．

　20世紀になって，量子力学が誕生すると，光は飛び飛びのエネルギーや運動量を持った粒子であるとも考えられるようになった．これを光子という．光は波動的な性質を持つとともに粒子でもあると解釈されている．このことは，相容れない性質を光が持っており矛盾するようにも思える．しかし，我々が経験から知っている波動や粒子は，いわば古典的な波動と粒子であり，量子力学的な波動性と粒子性とは異なる性質であると考えよう．以下に述べるように，光の干渉や回折

の現象を考える場合には，古典的な波動性質が顕著に現れ，物質が光を吸収したり放出したりする過程では光は粒子としての性質を現すと考えよう．

本書では，光は波動であるとする現象を主に取り扱うことにする．

2.2 光学の歴史

光とは何かという問いに対して本格的な研究が始められたのは，古代ギリシャの時代である．光は粒子であると考えたピタゴラス学派や，波であると考えたアリストテレスなどの哲学者もいた．ユークリッドは著書「屈折光学」の中で，光の直進性や反射などの光の進路に関して幾何学の手法を利用して論じた（BC300年頃）．このような研究分野を幾何光学という．さらに，プトレマイオスは光の屈折に関して実験的な考察をしている（AC150年頃）．

時代が降って，中世になると学問の中心はイスラムの世界に移り，10世紀ごろには，イブン・サールが屈折に関して詳しく考察し，屈折に関する法則を発見した（984）．さらに，アル＝ハイサム（ラテン名，アルハーゼン）（965–1038）は，大著「光学」を著し，光の屈折，球面鏡での反射，レンズの原理，眼の構造などについて論じた．

ルネッサンスを過ぎて，17世紀のヨーロッパでようやく近代物理学の芽生えを迎える．望遠鏡や顕微鏡が製作されるようになり，スネルによる屈折の法則（1621），フェルマーによる光路を決める原理の発見（1657）があり，光の本質に関する研究も進んだ．フックやホイヘンス（1601–1665）は光の波動説を，ニュートン（1643–1727）は光の粒子説を唱えた．

ニュートンは太陽光をプリズムで分光し，白色の太陽光が紫から赤の光からなることを示した．反射望遠鏡も初めて製作している．

2.2.1 光の波動説

古代ギリシャ以来，光の粒子説と波動説の論争はずっと続いてきた．光の波動説を不動のものとしたのは，ヤングであった．1800年代に行われた有名なヤングの干渉実験の結果は，光が粒子であるとどうしても説明できない現象であった．また，フレネルは，ホイヘンスによる波の伝播を説明する原理を一歩進め，干渉の効果も考慮して，光の直進性や回折の現象を説明した．

2.2.2 光の速度

17世紀ごろまでは，光の速度は無限大であると考えられていたが，光速度を測定しようとする機運もようやく高まってきた．ガリレイは実験的に光の速度を目視により測定することを試みたが失敗している．1676年，レーマーは木星の衛星の満ち欠けの周期が，地球と木星の距離によって変化することから光の速度を初めて求めた．1849年，フィゾーは歯車を用いる方法で地上で光速を測定した．その後，マイケルソンなど多くの研究者が光速度の測定を行っている．現在では，レーザーを用いた測定により，真空中の光速度は $c = 299792458\,\mathrm{m/s}$ とされている．

2.2.3 マックスウエルの波動説

ファラデーは1831年，コイルに磁石を出し入れするとコイルに電流が流れる現象を発見した．これが電磁誘導である．電磁誘導の現象などを説明するために，ファラデーは磁力線や電気力線の考え方を使った．磁石の周りに鉄粉をまくことで磁力線を可視化できる．また，2つの電荷を近づけると互いに引き合ったり反発しあったりする．この現象は，電荷の周りの空間が電気的に変化して，他の電荷に力を及ぼすと考えることで説明できる．このような状態の空間を電場と呼ぶ．同様に磁荷によって力を及ぼす状態の空間を磁場という．マックスウエルは1864年，それまで知られていた磁場と電場に関する法則をまとめ，4つのマックスウエルの方程式として定式化した．この方程式を解くと電場と磁場は横波として空間を伝播することが導ける．伝播の速度は光速と一致した．この結果から1871年マックスウエルは光は電磁波であるとした．ヘルツは1888年電磁波の存在を実験的に確認した．

このように，19世紀後半になって，光の波動説は確定したと思われた．

2.2.4 光子の出現

20世紀に入る直前の1900年，光に関する研究が新しい展開を見せた．プランクは，空洞放射スペクトルに関する理論的研究を行った．理論式は実験結果とよい一致を示した．理論式を導くにあたり，プランクはエネルギーは連続ではなく，最小の単位があり，飛び飛びの値をとると仮定した．1905年，アインシュタインは，光電効果を説明するために光のエネルギーにも最小単位があると仮定した．これが光量子である．つまり，光は粒子であり，この粒子は光子（フォトン）と

呼ばれる。光は粒子として振る舞うことが示された。つまり、光は波動性と粒子性の2つの性質を持つと解釈せざるを得なくなった。これを光の二重性という。

その後、電子などの物質にも波動性があることがわかり、極微の世界では、波動と粒子の二重性が基本的な性質であることが認識されるようになった。このような背景から量子力学や量子光学が徐々に発展してくる。

2.3 光 の 時 代

アインシュタインは、1917年に光の誘導放出に関する理論を発表した。物質に入射した光が増幅される可能性を示したもので、この原理に基づいて、マイクロ波を増幅するメーザーが発明された。メイマンは1960年に、ルビーの結晶を使って光の発振に成功した。これがレーザーである。現在では、さまざまな物質を使ったレーザーが開発され、波長も紫外線から赤外線に渡る幅広い波長域をカバーしている。

量子光学を基盤として光技術は大きく発展した。光技術は、光通信、太陽電池、ディスプレイ、光メモリーなど、我々の生活に不可欠なものになった。まさに光の時代を迎えた。

3 幾 何 光 学

　光は電磁波の一種であるので，光の空間伝播を考察する場合には，波動的な性質を考慮しなければならない．しかし，単に光の伝播方向だけを議論する場合には，波面の進行方向だけに注目すればよく，光の波動的な性質を無視することができる．波動の効果を考える場合でも，伝播中の波動の広がり角は λ/a で与えられ，通常この効果は非常に小さく光は直進しているように見える．ただし，λ は光の波長，a は回折を起こす物体の大きさである．つまり，光の進行方向のみを議論する場合には，$\lambda/a \to 0$ の極限を考えるのである．もしくは，光の波長は 0 であるとするのである．

　このような波面の進行方向のみを考えたり，波動の伝播中の広がりの影響を無視することによる近似的な状況では，光の進行方向を 1 本の直線，あるいは曲線と考えることができ，鏡面での反射やレンズにおける屈折の現象を幾何学的に解析することができる．このような光学の分野を幾何光学という．

3.1 波 面 と 光 線

　光波の伝播を記述するには，波面の伝播の方向を考える必要がある．図 3.1 のように波面が伝播しているとする．伝播の方向は波面に垂直であることに注目し，

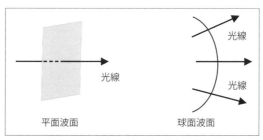

図 3.1 平面波と球面波に対する光線

波面に垂直に交わる線を光線と呼ぶことにする．波面が球面の場合には，放射状に何本かの光線が存在する．また，波面が平面である場合には1本の光線で波面の進行方向を代表させることもできる．

3.2 反射と屈折

図3.2に示すように，2種類の媒質Iと媒質IIが平面で接しているとする．両媒質中の光速度は異なるものとする．媒質中の光速度vと真空中の光速度cの比を屈折率nといい，$n = c/v$である．両媒質中では，屈折率は場所によらず一定であるとする．このとき，媒質Iで光線が境界面上の点Oに入射するものとする．点Oの境界面に垂線Nを立てる．入射光線AOと垂線Nとの成す角を入射角θ_1という．入射光線は境界面で一部が反射して反射光線OBとなり，一部が屈折して媒質IIを屈折光線OCとして直進する．反射光線OBと垂線Nとの成す角を反射角θ_1'，屈折光線OCと垂線Nとの成す角を屈折角θ_2という．入射光線AOと垂線NOが作る平面abcdを入射面という．媒質IとIIの屈折率をn_1, n_2とする．

反射光線は入射面内を進み，入射角θ_1と反射角θ_1'の間には，

$$\theta_1 = \theta_1' \tag{3.1}$$

の関係がある．これを反射の法則という．

屈折光線も入射面内を進み，

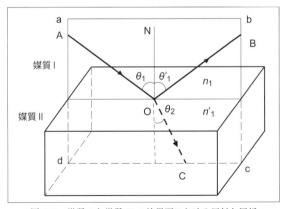

図3.2 媒質Iと媒質IIの境界面における反射と屈折

$$n_1 \sin\theta_1 = n_2 \sin\theta_2 \tag{3.2}$$

が成り立つ．これを屈折の法則，またはスネルの法則という．

3.3 フェルマーの原理

均質な媒質の境界面では屈折の法則が成り立つ．屈折率が場所によって異なる場合には光線は曲がって進む．この場合の光路を決める法則が，フェルマーの原理である．光線が進む光路に沿って屈折率 $n(\boldsymbol{r})$ を積分したものを光路長もしくは光学距離という．ただし，$\boldsymbol{r}$ は位置ベクトルである．光路に沿った微小線要素を $\mathrm{d}s$ とすると，その光路長は $n(\boldsymbol{r})\mathrm{d}s$ である．媒質中の光速度を $v(\boldsymbol{r})$ とすると，$n(\boldsymbol{r})\mathrm{d}s = c\,\mathrm{d}s/v(\boldsymbol{r})$ が得られ，$\mathrm{d}s/v(\boldsymbol{r})$ は媒質中の微小距離 $\mathrm{d}s$ を進む時間 t である．結局，光路長は $n(\boldsymbol{r})\mathrm{d}s = ct$ となるので，真空中における光線が進む距離に等しい．つまり，光路長は，真空中に換算した距離である．点 A から点 B までの光路長 $L(\mathrm{A},\mathrm{B})$ は，

$$L(\mathrm{A},\mathrm{B}) = \int_{\mathrm{A}}^{\mathrm{B}} n(\boldsymbol{r})\mathrm{d}s = c \int_{t_{\mathrm{A}}}^{t_{\mathrm{B}}} \mathrm{d}t \tag{3.3}$$

で与えられる．光線は光路長 $L(\mathrm{A},\mathrm{B})$ が極値になる経路を進む．これをフェルマーの原理という．つまり，点 A から点 B までの経路は無限に存在するが，経路長 L が微小量 δL 変化したときの光路長の変化 $\delta L(\mathrm{A},\mathrm{B})$ に関して，

$$\delta L(\mathrm{A},\mathrm{B}) = \delta \int_{\mathrm{A}}^{\mathrm{B}} n(\boldsymbol{r})\mathrm{d}s = c\delta \int_{t_{\mathrm{A}}}^{t_{\mathrm{B}}} \mathrm{d}t = 0 \tag{3.4}$$

と書くこともできる．つまり，この条件は，

$$\delta \int_{t_{\mathrm{A}}}^{t_{\mathrm{B}}} \mathrm{d}t = \delta T = 0 \tag{3.5}$$

と書くこともでき，経路を通る時間 T が極値を取る経路を光は進むことを示す．
● 光線逆進の原理

このように，フェルマーの原理によれば，光路長が極値となる経路を光は進む．点 A から点 B に進む光線は点 B から点 A に進む光線と同じ経路を進む．これを光線逆進の原理という．

3.3.1 フェルマーの原理による反射屈折の法則の導出

図 3.3 に示すように，屈折率が n_1 と n_2 の媒質が平面で接している．各々の媒

質中の屈折率は一様であるとすると，媒質中では光線は直進する．xy 面を入射面とし，境界面上に x 軸をとる．点 A$(0, a)$ から境界面上の点 B$(x, 0)$ に入射光線が入射するものとする．反射光線は点 B から点 A$'(b, c)$ に進み，屈折光線は点 C(d, e) に進むとする．反射光の光路長は，

$$L(A, A') = n_1 \left(\sqrt{x^2 + a^2} + \sqrt{(b-x)^2 + c^2} \right) \tag{3.6}$$

となる．x を変数と考えたときの光路長の極値は，

$$\frac{dL(A, A')}{dx} = n_1 \left[\frac{x}{\sqrt{x^2 + a^2}} - \frac{b-x}{\sqrt{(b-x)^2 + c^2}} \right] = n_1 (\sin\theta_1 - \sin\theta_1') = 0 \tag{3.7}$$

したがって，$\theta_1 = \theta_1'$ が得られ，反射の法則が導かれる．

同じく，屈折光に対しては，

$$L(A, C) = n_1 \sqrt{x^2 + a^2} + n_2 \sqrt{(d-x)^2 + e^2} \tag{3.8}$$

$$\frac{dL(A, C)}{dx} = n_1 \frac{x}{\sqrt{x^2 + a^2}} - n_2 \frac{d-x}{\sqrt{(d-x)^2 + e^2}} = n_1 \sin\theta_1 - n_2 \sin\theta_2 = 0 \tag{3.9}$$

これより，$n_1 \sin\theta_1 = n_2 \sin\theta_2$ となり，屈折の法則が導かれる．

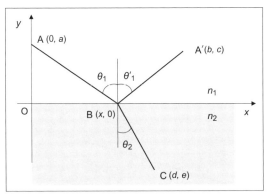

図 3.3 異なる媒質の境界面における反射と屈折

3.3.2 結　　像

図 3.3 の場合には，点 A から点 B に進む光線はただ 1 つであったが，ある範囲

の光線が全て $\delta L(A, B) = 0$ を満たす場合がある．このとき，光源 A は点 B に結像しているという．もしくは，点 A と点 B は互いに共役であるという．

実際の光学系では回転対称性がある場合が重要である．この場合の結像を共軸結像という．以下，特に断らない限り本書では共軸結像のみを考える．回転対称の軸を光軸という．

● 反 射 面

図 3.4 に示すような凹面鏡の反射を考えよう．点光源を A，凹面上の点を P とし，凹面鏡は軸 AP の周りに回転対称であるとする．この軸は光軸である．

今，点 A から出た光線が凹面鏡で反射し軸上の点 B に到達したと考えよう．点 A と点 B が結像関係にあるとした場合の凹面鏡の形状を求めてみよう．AP と BP の距離をそれぞれ a, b とする．このとき，座標の原点 O を AB の中点に取ることにする．点 A，点 B の座標を，それぞれ，$-d, d$ とすると，$2d = a - b$ の関係がある．凹面鏡上の点 $Q(x, y)$ で点 A からの光線が反射して点 B に到達するとしよう．このとき媒質が空気であると $n = 1$ とみなせ，点 A と点 B は結像関係にあるので，その光路長は一定で，

$$\sqrt{(x-d)^2 + y^2} + \sqrt{(x+d)^2 + y^2} = 2l \tag{3.10}$$

の関係が必要である．ただし，OP の距離を $2l = a + b$ とする．したがって，

$$\frac{x^2}{l^2} + \frac{y^2}{l^2 - d^2} = 1 \tag{3.11}$$

が得られ，このときの凹面は楕円面であることがわかる．a と b を使うと，

$$\frac{x^2}{(a+b)^2/4} + \frac{y^2}{ab} = 1 \tag{3.12}$$

となる．

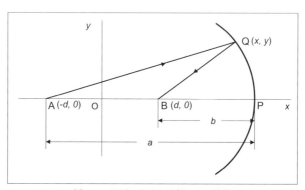

図 3.4 凹面における反射による結像

● 屈 折 面

図 3.5 に示すように，屈折率が n_1 と n_2 の均質な媒質が曲面で接している．曲面から距離 a の点 A の像が曲面から距離 b の位置の点 B にできた．このときの曲面の形状を考えよう．フェルマーの原理によれば，

$$n_1\sqrt{(x+a)^2 + y^2} + n_2\sqrt{(x-b)^2 + y^2} = n_1 a + n_2 b \quad (3.13)$$

が必要である．この式は，x と y に関する 4 次式となる．この曲面はデカルトの卵形と呼ばれている．

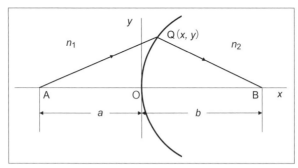

図 3.5 曲面における屈折による結像

例題 3.1 デカルトの卵形

式 (3.13) で表されるデカルトの卵形を図示せよ．ただし，$n_1 = 1.0$, $n_2 = 1.5$, $a = 10.0$, $b = 12.0$ とせよ．式 (3.13) は陰関数で，matplotlib.pyplot で表示するには工夫が必要である．1 つの方法は，等高線を描く関数 contour() を用いる方法である．

例題 3.1 のプログラム

```
1  import matplotlib.pyplot as plt
2  import numpy as np
3
4  n1=1.0
5  n2=1.5
6  a=10.0
7  b=12.0
8
9  delta=0.025
```

```
10  xrange=np.arange(-10,15,0.01)
11  yrange=np.arange(-10,10,0.01)
12  X,Y=np.meshgrid(xrange,yrange)
13
14  plt.axis([-12,15,-5,5])
15  plt.gca().set_aspect('equal',adjustable='box')
16  Z=n1*np.sqrt((X+a)**2+Y**2)+n2*np.sqrt((X-b)**2+Y**2)-(n1*a+n2*b)
17  plt.contour(X,Y,Z,[0.0])
18  plt.plot(-10.0,0.0,".")
19  plt.plot(10.0,0.0,".")
20  plt.plot([-12.0,15.0],[0.0,0.0],'k-',linewidth=0.5)
21  plt.plot([0.0,0.0],[-5,5],'k-',linewidth=0.5)
22  plt.text(-10.0, -0.8, "A")
23  plt.text(10.0, -0.8, "B")
24  plt.savefig("descart_egg",dpi=400)
```

行 17 で, $Z=0.0$ の等高線のみを描いている. この等高線は, 式 (3.13) の解に相当することに注意. 図 3.6 に出力を示す. 点 A と点 B も示してある.

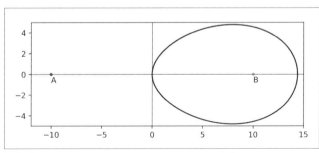

図 3.6 例題 3.1 のプログラムの出力例

この曲面を前面にし, 後面を球面にした単レンズは, 球面収差がない. 詳しくは 3.8.1 項で述べる.

3.4 屈 折 率

屈折率 n は, その媒質中の光の速度 v と真空中の光速度 c との比, $n=c/v$ で

3.5 近軸光線の球面における反射と屈折 59

与えられる. 屈折率は光の波長や媒質の温度, 密度に依存する. 屈折率が波長に依存することを分散という. 通常の透明な媒質の屈折率は波長 λ が長ければ減少する. これを正常分散という. いくつかの透明媒質に対する屈折率を表 3.1 に示す. 石英ガラスの波長分散を表 3.2 に示す.

表 3.1 透明媒質と屈折率 ($\lambda = 589\,\text{nm}$)

物質	n
真空	1
空気	1.00029
水	1.33
BK7 ガラス	1.50
クラウンガラス	1.52
水晶	1.46
ダイヤモンド	2.42

表 3.2 石英ガラスの波長分散

波長 (nm)	n
400	1.470208
500	1.462394
600	1.458096
700	1.455347
800	1.453371

光学系の解析や設計に用いられる光の波長は, 可視光の場合には表 3.3 に示す 3 波長であることが多い.

表 3.3 光学系の解析や設計でよく用いられる光の波長

発光する原子	記号	波長 (nm)	色
H	F	486.13	緑青
He	d	587.56	黄
H	C	656.27	赤

屈折率分散の指標として, 以下に定義されるアッベ数 ν_d が用いられる.

$$\nu_\text{d} = \frac{n_\text{d} - 1}{n_\text{F} - n_\text{C}} \tag{3.14}$$

ただし, n_d, n_F, n_C はそれぞれ表 3.3 に示す波長の屈折率である. アッベ数が大きいほど分散は小さくなる.

3.5 近軸光線の球面における反射と屈折

3.3.2 項で述べたように, 屈折面での結像には卵形の曲面を用いればよいこと

はわかったが，この曲面を正確に製作することは困難を伴う．通常は，この曲面に近い球面を用いる．図 3.5 において，x, y の絶対値が a, b の絶対値に比べて十分小さい場合を考えると，式 (3.13) は，

$$n_1 a\sqrt{1 + \frac{2x}{a} + \frac{x^2 + y^2}{a^2}} + n_2 b\sqrt{1 - \frac{2x}{b} + \frac{x^2 + y^2}{b^2}} - n_1 a - n_2 b = 0 \quad (3.15)$$

と変形され，近似すると，

$$n_1 a\left[1 + \frac{1}{2}\left(\frac{2x}{a} + \frac{x^2 + y^2}{a^2}\right)\right] + n_2 b\left[1 + \frac{1}{2}\left(-\frac{2x}{b} + \frac{x^2 + y^2}{b^2}\right)\right] - n_1 a - n_2 b = 0 \quad (3.16)$$

が得られ，整理すると，

$$x^2 + y^2 + \frac{2(n_1 - n_2)ab}{n_1 b + n_2 a}x = 0 \quad (3.17)$$

が得られる．ここで，

$$r = \frac{(n_1 - n_2)ab}{n_1 b + n_2 a} \quad (3.18)$$

とおくと，

$$(x + r)^2 + y^2 = r^2 \quad (3.19)$$

これは半径 r の円の方程式である．式 (3.18) を変形すると，

$$\frac{n_1}{a} + \frac{n_2}{b} = \frac{n_1 - n_2}{r} \quad (3.20)$$

が得られる．

式 (3.20) は，x, y の絶対値が a, b に比べて十分小さい場合の球面の境界における結像の公式である．この条件は，屈折する光線が光軸に十分近いことである．光軸に近い領域を近軸領域という．近軸領域を進む光線を近軸光線という．

屈折面の結像式 (3.20) において，光源 A が無限遠方にある場合には $a = -\infty$ として，その像の位置は $b = n_2 r/(n_1 - n_2)$ で，この位置が後側焦点である．そこで，$b = f'$ とおくと，焦点距離は，$f' = n_2 r/(n_1 - n_2)$ である．また，像の位置が $b = \infty$ の場合には，前側焦点距離は $f = n_1 r/(n_1 - n_2)$ である．

例題 3.2　半径 r の球面反射鏡の結像式

図 3.4 の配置で，反射面が半径 r の球面である場合に，近軸光線に対する結像の式を求めよ．

式 (3.10) を a と b を用いて表すと，

$$\sqrt{(a-x)^2+y^2}+\sqrt{(b-x)^2+y^2}=2l \tag{3.21}$$

が得られ，x と y は a と b よりも十分小さいとして近似すると，

$$a+\frac{x^2-2ax+y^2}{2a}+b+\frac{x^2-2bx+y^2}{2b}=2l=a+b \tag{3.22}$$

したがって，

$$\left(x-\frac{2ab}{a+b}\right)^2+y^2=\left(\frac{2ab}{a+b}\right)^2 \tag{3.23}$$

これは，半径 $2ab/(a+b)$ の球の方程式であるので，$r=2ab/(a+b)$ であることがわかる．これから，

$$\frac{1}{a}+\frac{1}{b}=\frac{2}{r} \tag{3.24}$$

これが反射球面における結像式である．

3.6 近軸光線の追跡

　一般の光学系は，複数の屈折球面や反射球面から構成されている．近軸光線が複雑な光学系をどのように進むかを解析する場合に，屈折と反射の結像式を何度も繰り返し用いるのは式が複雑になり実用的ではない．ここでは，近軸光線をベクトルで表し，反射や屈折の作用を行列で表す方法を述べる．

　光学系は複数の曲面から構成されているが，全ての光軸は一致している共軸光学系であるとする．

3.6.1 符号の取り方

　複数の境界面からなる光学系における光線の伝播を考える場合に，境界面間の距離や，光線の高さや角度などの量を統一的に定義し，符号の規約を明確にしておくことはきわめて重要である．そこで，以下のような規約を採用するとする．

1. 座標系は右手系を採用し，z 軸を光軸とする．y 軸は上方を正とする．したがって，x 軸は紙面の奥行き方向が正である．

2. 距離は,基準となるものから右に測った場合に正とする.
3. 高さは光軸から上方に測った場合に正とする.
4. 角度は光軸から反時計回りに測った場合に正とする.境界面での屈折の場合には,境界面に立てた垂線から反時計回りに測った場合に正とする.

3.6.2 光学系行列

図 3.7 に示すような光学系における近軸光線の伝播を考える.光軸を z 軸とし,光線は yz 面にあるとする.光線の高さを h,光線の光軸に対する角度を u とする.このとき,i 面 $z = z_i$ における近軸光線の高さを h_i,光軸に対する角度を u_i などとする.i 面における屈折率を n_i として,換算角 $U_i = n_i u_i$ を定義する.$z = z_1$ 面における光線は,ベクトル $\begin{pmatrix} U_i \\ h_i \end{pmatrix}$ で表すことができる.

図 3.7 の光学系において,入力面の光線 $\begin{pmatrix} U_1 \\ h_1 \end{pmatrix}$ と出力面の光線 $\begin{pmatrix} U_2 \\ h_2 \end{pmatrix}$ の間には,近軸光線に対しては,

$$\begin{pmatrix} U_2 \\ h_2 \end{pmatrix} = \begin{pmatrix} b & -a \\ -d & c \end{pmatrix} \begin{pmatrix} U_1 \\ h_1 \end{pmatrix} \tag{3.25}$$

の関係がある.この 2×2 行列を光学系行列という.また,a, b, c, d はレンズ系のガウス定数と呼ばれる.

光学系行列の行列式は $bc - ad = 1$ である.

次に,各々のガウス定数が 0 の場合には,どのような意味があるか考えてみよう.

1. $b = 0$ の場合

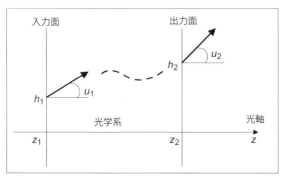

図 3.7 近軸光学系における入力面と出力面

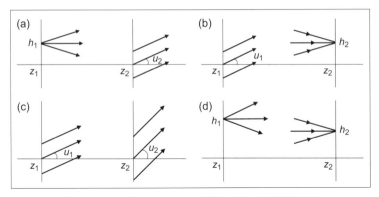

図 3.8 入出力面における光線. (a)：$b=0$ の場合, 入力面は前側焦点面. (b)：$c=0$ の場合, 出力面は後側焦点面. (c)：$a=0$ の場合, 入力面での平行光線束は出力面でも平行光線束になる. さらに, $u_1=u_2$ の場合には両面は節平面である. (d)：$d=0$ の場合, 入力面と出力面は互いに共役になる. さらに, $h_1=h_2$ の場合には両面は主平面である.

式 (3.25) より, $U_2=-ah_1$, すなわち, $n_2u_2=-ah_1$ である. この場合には, 図 3.8(a) に示すように, 入力面で高さ h_1 を通る全ての光線は出力面を同じ角度で平行に通過する. この場合には, 入力面は前側焦点面と呼ばれる. 前側焦点面と光軸の交点は前側焦点 F と呼ばれる.

2. $c=0$ の場合

   式 (3.25) より $h_2=-dU_1=-dn_1u_1$. この場合には, 図 3.8(b) に示すように, 入射面に同じ角度で入射した光線（平行光線）は出力面で同じ点を通過する. このような場合には, 出力面は後側焦点面と呼ばれる. 後側焦点面と光軸の交点は後側焦点 F' と呼ばれる.

3. $a=0$ の場合

   式 (3.25) より, $U_2=bU_1$, すなわち, $n_2u_2=bn_1u_1$. 図 3.8(c) に示すように, 入力面に平行に入射した全ての光線は, 出力面でも平行光線として出射する. $\gamma=u_2/u_1=bn_1/n_2$ は角倍率である.

   特に, $b=n_2/n_1$ の場合には $\gamma=1$ となる. この場合には, 光学系に入射した光線は角度を変えない. 入力面と出力面は節面と呼ばれ, 2 つの節面と光軸の交点は節点 N, N' と呼ばれる.

4. $d=0$ の場合

   式 (3.25) より, $h_2=ch_1$. この場合には, 図 3.8(d) に示すように, 入力面上で高さ h_1 の点から出た光線は全て出力面で高さ h_2 の点を通る. つま

り,両点は結像の関係にある.これを互いに共役であるともいう.このとき,入力面と出力面は,それぞれ,物体面と像面と呼ばれる.$\beta = h_2/h_1$ は横倍率と呼ばれる.

特に,$\beta = 1$ の場合には,両面の間で倍率は 1 である.このとき,入力面と出力面は主平面と呼ばれる.2 つの主平面と光軸の交点は主点 H, H' と呼ばれる.

焦点 F, F',主点 H, H',節点 N, N' は主要点と呼ばれ,光学系を解析するために重要な点である.2 つの焦点 F と F' は互いに共役ではないが,主点 H, H' と節点 N, N' は互いに共役である.

次に,光学系行列の具体的な要素を求めるための屈折行列と移行行列を考えよう.

● 屈 折 行 列

図 3.9 に示すように,屈折率が n_1 と n_2 の媒質が,半径 r の球面を境界として接しているとする.球面の曲率中心を C とする.点物体 A と曲率中心 C を結ぶ線を光軸とする.球面上の点 Q で点物体 A からの光線が屈折する場合に,境界面での光線変化を表す行列を考えよう.点 Q における屈折は,近軸光線を考えているので,

$$n_1 i_1 = n_2 i_2 \tag{3.26}$$

また,$i_1 = u_1 + i$ の関係があり,近軸光線を考えているので $\sin i \approx i = h_1/r$ であることを考慮すると,

$$n_1 i_1 = n_1 u_1 + \frac{n_1 h_1}{r} = U_1 + \frac{n_1 h_1}{r} \tag{3.27}$$

$i_2 = u_2 + i$ の関係があるので,

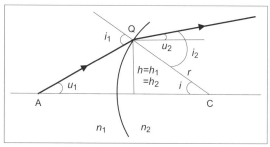

図 3.9 球面における光線の屈折

$$n_2 i_2 = n_2 u_2 + \frac{n_2 h_2}{r} = U_2 + \frac{n_2 h_2}{r} \tag{3.28}$$

$h_1 = h_2$ を考慮すると,

$$U_2 = \frac{n_1 - n_2}{r} h_1 + U_1 \tag{3.29}$$

光線ベクトルは,境界面での屈折の前後で,

$$\begin{pmatrix} U_2 \\ h_2 \end{pmatrix} = \begin{pmatrix} 1 & -p \\ 0 & 1 \end{pmatrix} \begin{pmatrix} U_1 \\ h_1 \end{pmatrix} \tag{3.30}$$

のように変化する.ただし,球面境界面の屈折力を

$$p = \frac{n_2 - n_1}{r} \tag{3.31}$$

とする.ここで,屈折行列

$$\mathcal{R} = \begin{pmatrix} 1 & -p \\ 0 & 1 \end{pmatrix} \tag{3.32}$$

を定義する.

屈折行列 $\mathcal{R}$ の行列式は1であることに注意せよ.

● **移行行列**

図 3.10 に示すような,屈折率 n の均質媒質を距離 t 伝播する近軸光線を考えよう.この間光線の高さは,h_1 から h_2 へと変化するが,光軸との角度 u_1, u_2 は変化しないので,

$$h_2 = h_1 + t u_1 \tag{3.33}$$

さらに,$n u_2 = n u_1$ であるから,$U_2 = U_1$ であることに注目すると,

$$\begin{pmatrix} U_2 \\ h_2 \end{pmatrix} = \begin{pmatrix} 1 & 0 \\ t/n & 1 \end{pmatrix} \begin{pmatrix} U_1 \\ h_1 \end{pmatrix} \tag{3.34}$$

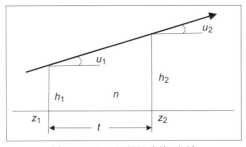

図 3.10 2つの面間の光線の伝播

したがって，光線の移行を表す行列は，

$$\mathcal{T} = \begin{pmatrix} 1 & 0 \\ T & 1 \end{pmatrix} = \begin{pmatrix} 1 & 0 \\ t/n & 1 \end{pmatrix} \tag{3.35}$$

ただし，$T = t/n$ とし，これを換算距離という．移行行列 $\mathcal{T}$ の行列式は 1 である．

次に述べるように，屈折行列と移行行列を用いることにより，光学系を進む近軸光線を追跡することができる．ここでは，光線の傾き角度 u を換算角 $U = nu$，光線が進んだ距離 t を換算距離 $T = t/n$ を用いて表すことに注意．ただし，n は光線が進んでいる媒質の屈折率である．

3.6.3 レ ン ズ

図 3.11 に 2 つの球面からなるレンズと光線ベクトルを示す．このような構成の光学素子をレンズという．レンズの両側面外の媒質は同じ屈折率 n_1 であるとし，レンズの屈折率を n_2 とする．両曲面の曲率半径をそれぞれ r_1 と r_2 とする．両面の間隔を t とする．レンズに入射する光線と出射する光線のベクトルを (U_1, h_1)，(U_2, h_2) とする．この 2 つのベクトルの関係は，

$$\begin{pmatrix} U_2 \\ h_2 \end{pmatrix} = \mathcal{S} \begin{pmatrix} U_1 \\ h_1 \end{pmatrix} \tag{3.36}$$

で表される．行列 $\mathcal{S}$ はレンズの光学系行列と呼ばれる．

このレンズを伝播する近軸光線は，第 1 面で屈折，第 1 面から第 2 面まで移行，第 2 面で屈折するので，行列 $\mathcal{S}$ は，式 (3.32) と (3.35) を用いると

$$\mathcal{S} = \mathcal{R}_2 \mathcal{T}_t \mathcal{R}_1 = \begin{pmatrix} b & -a \\ -d & c \end{pmatrix} = \begin{pmatrix} 1 & -p_2 \\ 0 & 1 \end{pmatrix} \begin{pmatrix} 1 & 0 \\ T_2 & 1 \end{pmatrix} \begin{pmatrix} 1 & -p_1 \\ 0 & 1 \end{pmatrix} \tag{3.37}$$

ただし，レンズ面の屈折力は $p_1 = (n_2 - n_1)/r_1$，$p_2 = (n_1 - n_2)/r_2$ であり，面

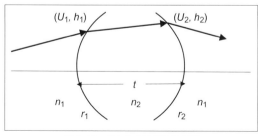

図 3.11 単レンズにおける光線

間隔の換算距離は $T_2 = t/n_2$ である.

例題 3.3　レンズ行列

式 (3.37) を SymPy を使って計算せよ.

例題 3.3 のプログラム

```
1  from sympy import Matrix, symbols
2
3  p1, p2, n2, T = symbols("p1, p2, n2, T")
4
5  RM1 = Matrix([[1, -p1],[0, 1]])
6  RM2 = Matrix([[1, -p2],[0,1]])
7  TM = Matrix([[1, 0],[T, 1]])
8  SM = RM2 * TM * RM1
9  print(SM)
```

IPython コンソールには,

```
1  Matrix([[-T*p2 + 1, -p1*(-T*p2 + 1) - p2], [T, -T*p1 + 1]])
```

と出力される. つまり, $T = t/n_2$ を用いると,

$$a = p_1 + p_2 - \frac{p_1 p_2 t}{n_2}$$

$$b = 1 - \frac{p_2 t}{n_2}$$

$$c = 1 - \frac{p_1 t}{n_2}$$

$$d = -\frac{t}{n_2} \tag{3.38}$$

が得られる.

● **薄肉レンズ**

ここで, レンズの厚さ t が無視できるほど小さい場合には, このレンズは薄肉レンズと呼ばれる. レンズの両側は空気であるとすると $n_1 = 1$, さらに, レンズの屈折率を n とすると $n_2 = n$ であるので, 式 (3.37) は, $t = 0$ として,

$$\mathcal{S} = \mathcal{R}_2 \mathcal{T}_t \mathcal{R}_1 = \begin{pmatrix} 1 & -p_2 \\ 0 & 1 \end{pmatrix} \begin{pmatrix} 1 & 0 \\ 0 & 1 \end{pmatrix} \begin{pmatrix} 1 & -p_1 \\ 0 & 1 \end{pmatrix} = \begin{pmatrix} 1 & -p_1 - p_2 \\ 0 & 1 \end{pmatrix} \tag{3.39}$$

ただし，$p_1 = (n-1)/r_1$，$p_2 = (1-n)/r_2$ である．ここで，

$$\frac{1}{f} = (n-1)\left(\frac{1}{r_1} - \frac{1}{r_2}\right) \tag{3.40}$$

とすると，薄肉レンズの行列は，

$$\mathcal{S} = \begin{pmatrix} 1 & -1/f \\ 0 & 1 \end{pmatrix} \tag{3.41}$$

と表される．

レンズの後側球面を出射した光線 $\begin{pmatrix} U_2 \\ h_2 \end{pmatrix}$ が光軸と交わる点までの距離（球面からの距離）を z とする．光軸に平行な光線がこの薄肉レンズに入射する場合には，$U_1 = u_1 = 0$ であるので，

$$\begin{pmatrix} U_2 \\ h_2 \end{pmatrix} = \begin{pmatrix} 1 & -1/f \\ 0 & 1 \end{pmatrix}\begin{pmatrix} 0 \\ h_1 \end{pmatrix} \tag{3.42}$$

より，$U_2 = u_2 = -h_1/f$ が得られ，$u_2 = -h_2/z$ であるので，$z = f$ となる．光軸に平行な光線は全て $z = f$ を通過することがわかる．つまり，$z = f$ の点は焦点である．したがって，式 (3.40) は焦点距離を与える式である．

3.6.4 近軸領域における結像

ある点 P から出た光線束が，光学系を通過した後，再び P′ 点に集まるとき，点 P を物点，点 P′ を像点と呼び，両点は互いに共役であるという．このように，光線束が実際に 1 点に集まってできる像を実像という．一方，光学系を通過した光線が実際に像の位置で交わらず，光線を逆にたどると交わるとき，この像を虚像という [1]．P，P′ を含み光軸に垂直な面をそれぞれ物面，像面と呼ぶ．

図 3.12 に示すように，物面上で高さ h，角度 u の光線が光学系 $\mathcal{S}$ を通過した後，像面では，高さ h'，角度 u' の光線になるとする．光学系の第 1 面から物点までの距離を $-l$，その間の媒質の屈折率を n，最終面から像面までの距離を l'，その間の媒質の屈折率を n' とすると，物面から像面への変換は，

$$\begin{pmatrix} U' \\ h' \end{pmatrix} = \begin{pmatrix} 1 & 0 \\ l'/n' & 1 \end{pmatrix}\begin{pmatrix} b & -a \\ -d & c \end{pmatrix}\begin{pmatrix} 1 & 0 \\ -l/n & 1 \end{pmatrix}\begin{pmatrix} U \\ h \end{pmatrix}$$

---

[1] 凹レンズ，凸面鏡，平面鏡などの前方に置かれた物体の像は虚像である．

3.6 近軸光線の追跡

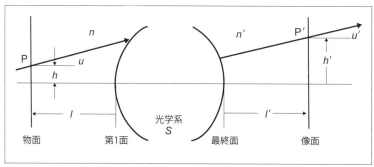

図 3.12 近軸領域における結像

$$\begin{pmatrix} U' \\ h' \end{pmatrix} = \begin{pmatrix} 1 & 0 \\ L' & 1 \end{pmatrix} \begin{pmatrix} b & -a \\ -d & c \end{pmatrix} \begin{pmatrix} 1 & 0 \\ -L & 1 \end{pmatrix} \begin{pmatrix} U \\ h \end{pmatrix} \quad (3.43)$$

となる.ただし,換算距離を $L = l/n$, $L' = l'/n'$ とする.これを計算すると,

$$\begin{pmatrix} U' \\ h' \end{pmatrix} = \begin{pmatrix} b + aL & -a \\ bL' - cL + aLL' - d & c - aL' \end{pmatrix} \begin{pmatrix} U \\ h \end{pmatrix} \quad (3.44)$$

が得られる.

例題 3.4 結像系行列

式 (3.43) の結像系行列を SymPy を使って計算せよ.

例題 3.4 のプログラム

```
1  from sympy import Matrix, symbols
2
3  a, b, c, d, L1, L2 = symbols("a, b, c, d, L1, L2")
4
5  T1 = Matrix([[1, 0],[-L1, 1]])
6  SM = Matrix([[b, -a],[-d, c]])
7  T2 = Matrix([[1, 0],[L2, 1]])
8  L = T2 * SM * T1
9  print(L)
```

ここでは,L と L' を L1 と L2 としている.

IPython コンソールには,

```
1  Matrix([[L1*a + b, -a], [-L1*(-L2*a + c) + L2*b - d, -L2*a + c]])
```

と出力される.

　結像系における横倍率は

$$\beta = \frac{h'}{h} \qquad (3.45)$$

と定義される. 近軸領域では横倍率 β は u によらず一定である. 式 (3.44) より,

$$h' = (bL' - cL + aLL' - d)U + (c - aL')h \qquad (3.46)$$

であるので, 結像するためには, h' は U に依存しない必要があることから,

$$bL' - cL + aLL' - d = 0 \qquad (3.47)$$

が必要である. したがって,

$$L' = \frac{cL + d}{aL + b} \qquad (3.48)$$

$$L = \frac{-bL' + d}{aL - c} \qquad (3.49)$$

が得られる. このとき, 式 (3.46) より,

$$h' = (c - aL')h \qquad (3.50)$$

であるから,

$$\beta = \frac{h'}{h} = c - aL' \qquad (3.51)$$

式 (3.44) の行列式は 1 であるから,

$$(b + aL)(c - aL') = 1 \qquad (3.52)$$

したがって,

$$b + aL = \frac{1}{\beta} \qquad (3.53)$$

の関係が得られる. このことから, 近軸領域において結像関係にある光線のベクトルの変換は, 式 (3.44) から,

$$\begin{pmatrix} U' \\ h' \end{pmatrix} = \begin{pmatrix} 1/\beta & -a \\ 0 & \beta \end{pmatrix} \begin{pmatrix} U \\ h \end{pmatrix} \qquad (3.54)$$

ここで,

$$\mathcal{S} = \begin{pmatrix} 1/\beta & -a \\ 0 & \beta \end{pmatrix} \tag{3.55}$$

は物像行列と呼ばれる．共役面間の光線ベクトル変換式である．

光軸上の物点に関しては，式 (3.54) において，$h=0$ とおけば，$h'=0$ が得られ像点も光軸上にあることがわかる．光軸上の共役点に関しては，

$$\beta = \frac{U}{U'} = \frac{un}{u'n'} \tag{3.56}$$

の関係が導ける．

3.6.5 レンズの主要点

光学系の特性を解析する上で，主要点を考えることは重要である．

近軸領域においては，図 3.13 に示すように，光軸に平行に入ってくる光線束は，屈折の後，光軸上の 1 点 F' に集まる．この点を像空間焦点という．また，光軸上のある点から発散する光線束が屈折の後，光軸に平行光線束となる点 F がある．この点を物空間焦点という．像空間焦点，物空間焦点を通り光軸に垂直な面を，それぞれ，像空間焦点面，物空間焦点面という．

物空間焦点 F を通過する光線は光学系を通過後平行光線束になるので，仮想的にある面まで直進しそこで屈折して光軸に平行に進むと考えてもよい．この面を物空間主平面と呼び[*2]，この面と光軸の交点 H を主点という．逆に，光軸に平

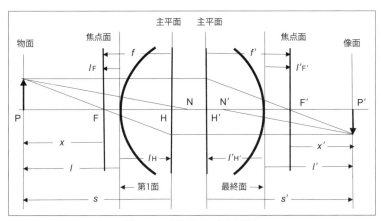

図 3.13 結像系における主要点

[*2] 近軸領域ではない場合には曲面になる．

行に入射して像空間焦点 F′ を通る光線は，ある面まで光軸に平行に進み，その面で屈折して像空間焦点 F′ を通ると考えてもよい．この面を像空間主平面と呼び，この面と光軸との交点 H′ を像空間主点という．

また，光軸から離れた物点からでた光線のうち，光学系をこの光線と平行に出ていく光線が必ず 1 本存在する．この入射光線と光軸の交点 N，出射光線と光軸の交点 N′ をそれぞれ物空間節点，像空間節点という．これらの主要点の位置とガウス定数の関係を求めよう．

物空間主平面から物面までの距離を s，物空間焦点面までの距離を f とする．第 1 面から物空間主平面までの距離を l_H，物空間焦点面までの距離を l_F とする．像空間においても同様に距離を決める．ただし，対応する距離には，′ をつける．

● 主　　点

まず，像空間主点 H′ の位置を求めよう．光学系の最終面からの距離 $l'_\mathrm{H'}$ を考える．図 3.14 は図 3.13 の像空間の一部を示す．像空間主平面に光軸と平行に，高さ h で光線が入射し，屈折の後，像空間焦点 F′ を通過するとしよう．像空間主平面に入射する光線のベクトルは $(0, h)$ である．この光線は屈折後，最終面では (U', h') となる．両ベクトルの間には，

$$\begin{pmatrix} U' \\ h' \end{pmatrix} = \begin{pmatrix} b & -a \\ -d & c \end{pmatrix} \begin{pmatrix} 0 \\ h \end{pmatrix} \tag{3.57}$$

の関係がある．したがって，$U' = -ah = n'u'$，$h' = ch$ の関係があることがわかる．ここで，$l'_\mathrm{F'} = -h'/u'$ であることから，

$$l'_\mathrm{F'} = -\frac{h'}{u'} = -\frac{ch}{u'} = -\frac{c}{u'}\left(-\frac{U'}{a}\right) = \frac{cn'u'}{au'} = \frac{c}{a}n' \tag{3.58}$$

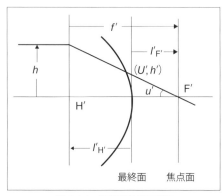

図 3.14　像空間主点の位置

一方，

$$f' = -\frac{h}{u'} = -\frac{1}{u'}\left(-\frac{n'u'}{a}\right) = \frac{n'}{a} \tag{3.59}$$

したがって，換算距離 $L'_{H'} = l'_{H'}/n'$ を用いると，

$$L'_{H'} = \frac{l'_{H'}}{n'} = -\frac{f' - l'_{F'}}{n'} = -\frac{1}{a} + \frac{c}{a} = \frac{c-1}{a} \tag{3.60}$$

が得られる．

同様に，第 1 面から物空間主平面までの換算距離も，

$$L_H = \frac{l_H}{n} = \frac{1-b}{a} \tag{3.61}$$

である．

主点の定義から，物点から出た光線は全て両主平面間を光軸と平行に進む．したがって，両主平面は横倍率 $\beta = 1$ の共役面である．式 (3.51) と (3.53) より，

$$\beta = c - aL'_{H'} = 1 \tag{3.62}$$

$$\frac{1}{\beta} = b + aL_H = 1 \tag{3.63}$$

これまでは，光学系に対する距離は光学系の第 1 面と最終面からを起点としていた．しかし，主平面からの距離を用いると便利であり，解釈も明確になる．主平面から測った物面と像面までの換算距離を S, S' とする．ただし，$S = s/n$, $S' = s'/n'$ である．このとき，$L = S + L_H$, $L' = S' + L'_{H'}$ であるから，式 (3.51), (3.53), (3.62), (3.63) より，

$$\beta = c - aL' = c - aS' - aL'_{H'} = 1 - aS' \tag{3.64}$$

$$\frac{1}{\beta} = b + aL = b + aS + aL_H = 1 + aS \tag{3.65}$$

両式から，

$$\beta = \frac{S'}{S} = \frac{s'}{s}\frac{n}{n'} \tag{3.66}$$

光学系の横倍率の式が導けた．

主点から測った距離で表した物像行列は，式 (3.55) より，

$$\mathcal{S} = \begin{pmatrix} 1 + aS & -a \\ 0 & 1 - aS' \end{pmatrix} \tag{3.67}$$

この行列の行列式は $(1 + aS)(1 - aS') = 1$ であるので，

$$\frac{1}{S'} = \frac{1}{S} + a \tag{3.68}$$

の関係が導かれる．

● 焦　　点

焦点の定義から，軸上無限遠にある物点の像点が像空間焦点 F′ であり，物空間焦点 F から出た光線の像点は無限遠点にあるので，式 (3.68) を用いると，主平面から測った物空間と像空間における換算焦点距離を F と $F′$ として，

$$F = -\frac{1}{a}, \qquad F' = \frac{1}{a} \tag{3.69}$$

が得られる．したがって，式 (3.68) は，

$$\frac{1}{S'} - \frac{1}{S} = -\frac{1}{F} = \frac{1}{F'} \tag{3.70}$$

が得られ，実座標では，

$$\frac{n'}{s'} - \frac{n}{s} = -\frac{n}{f} = \frac{n'}{f'} \tag{3.71}$$

となる．光学系が空気中に置かれている場合には，$n = n' = 1$ であるので，

$$\frac{1}{s'} - \frac{1}{s} = -\frac{1}{f} = \frac{1}{f'} \tag{3.72}$$

が得られる．この式はレンズに関する結像式である．

単一の球面に関する結像式は，屈折行列は式 (3.32) であるので，

$$\mathcal{S} = \begin{pmatrix} 1 & -(n'-n)/r \\ 0 & 1 \end{pmatrix} \tag{3.73}$$

式 (3.71) より，

$$\frac{n'}{s'} - \frac{n}{s} = \frac{n'-n}{r} = -\frac{n}{f} = \frac{n'}{f'} \tag{3.74}$$

● ニュートンの式

レンズの結像式 (3.72) では，主平面からの距離 s, s' で表されている．図 3.13 のように，距離を焦点 F, F′ から測り x, x' とすると，$x = s - f$, $x' = s' - f'$ であるので，

$$xx' = ff' \tag{3.75}$$

が得られる．これをニュートンの式という．

さて，横倍率は式 (3.66) で与えられた．さらに，式 (3.74) とニュートンの式 (3.75) を用いると，

$$\beta = \frac{ns'}{n's} = \frac{n(f'+x')}{n'(f+x)} = \frac{n(f'+ff'/x)}{n'(f+x)} = \frac{n(x+f)f'}{n'x(f+x)} = \frac{nf'}{n'x} = -\frac{f}{x} = -\frac{x'}{f'} \tag{3.76}$$

3.6 近軸光線の追跡　75

● 節　　点

物空間節点 N と像空間節点 N′ は光軸上にあり，互いに共役でしかも角倍率 $\gamma = 1$ である．共役点であるので，式 (3.56) を用いると，

$$\gamma = \frac{u'}{u} = \frac{U'/n'}{U/n} = \frac{n}{n'}\frac{1}{\beta} = 1 \tag{3.77}$$

したがって，

$$\beta = \frac{n}{n'} \tag{3.78}$$

が得られる．

光学系の第 1 面と最終面からそれぞれ物空間節点 N および像空間節点 N′ までの換算距離を L_N, $L'_{N'}$ とすると，式 (3.53) から，

$$\frac{1}{\beta} = \frac{n'}{n} = b + aL_N \tag{3.79}$$

したがって，節点 N の位置は，

$$L_N = \frac{(n'/n) - b}{a} \tag{3.80}$$

で与えられる．式 (3.51) から，

$$\beta = \frac{n}{n'} = c - aL'_{N'} \tag{3.81}$$

したがって，

$$L'_{N'} = \frac{c - (n/n')}{a} \tag{3.82}$$

である．

光学系の前後の媒質が等しい場合は，$n = n'$ であるので，式 (3.60) と (3.82)，式 (3.61) と (3.80) を比較すると，主点と節点は一致することがわかる．さらに，式 (3.77) より，

$$\beta = \frac{1}{\gamma} \tag{3.83}$$

が得られ，横倍率は角倍率の逆数となる．

例題 3.5　単レンズ (1)

空気中に置かれた，屈折率 n, 厚さ t' の単レンズの焦点距離を求めよ．ただし，第 1 面と第 2 面の曲率半径はそれぞれ r_1, r_2 とせよ．

例題 3.3 における式 (3.38) のパラメーター a と式 (3.69) を用いると,

$$a = -\frac{n_1}{f} = \frac{n_2}{f'} = p_1 + p_2 - \frac{p_1 p_2 t'}{n_2}$$

$$= \frac{n_2 - n_1}{r_1} + \frac{n_3 - n_2}{r_2} - \frac{(n_2 - n_1)(n_3 - n_2)t'}{n_2 r_1 r_2} \tag{3.84}$$

ここで, $n_1 = n_3 = 1,\ n_2 = n$ とすると,

$$-\frac{1}{f} = \frac{1}{f'} = (n-1)\left[\frac{1}{r_1} - \frac{1}{r_2} + \frac{(n-1)t'}{n r_1 r_2}\right] \tag{3.85}$$

薄肉レンズの場合には, $t' = 0$ であるので,

$$-\frac{1}{f} = \frac{1}{f'} = (n-1)\left(\frac{1}{r_1} - \frac{1}{r_2}\right) \tag{3.86}$$

例題 3.6 球レンズ

空気中に置かれた半径 r で屈折率が n の球レンズの焦点距離 f', f と主点の位置 l_{H}, $l_{\mathrm{H'}}$ を求めよ. ただし, 光学系行列を求めること.

球レンズであるので, 第 1 面, 第 2 面の屈折力は, それぞれ, $p_1 = (n-1)/r$, $p_2 = (1-n)/(-r) = (n-1)/r$ である. また, 面間距離は $2r$ であり, 換算距離は $T = 2r/n$ である. 光学系行列は,

$$\mathcal{S} = \begin{pmatrix} b & -a \\ -d & c \end{pmatrix} = \begin{pmatrix} 1 & -p_2 \\ 0 & 1 \end{pmatrix} \begin{pmatrix} 1 & 0 \\ T & 1 \end{pmatrix} \begin{pmatrix} 1 & -p_1 \\ 0 & 1 \end{pmatrix}$$

$$= \begin{pmatrix} 1 & -(n-1)/r \\ 0 & 1 \end{pmatrix} \begin{pmatrix} 1 & 0 \\ 2r/n & 1 \end{pmatrix} \begin{pmatrix} 1 & -(n-1)/r \\ 0 & 1 \end{pmatrix}$$

$$= \begin{pmatrix} -(n-2)/n & -2(n-1)/(nr) \\ 2r/n & -(n-2)/n \end{pmatrix} \tag{3.87}$$

したがって,

$$a = \frac{2(n-1)}{nr}$$

$$b = \frac{-(n-2)}{n}$$

$$c = \frac{-(n-2)}{n} \tag{3.88}$$

式 (3.69) から，実座標で表示すると，

$$\frac{1}{f'} = -\frac{1}{f} = a = \frac{2(n-1)}{nr} \tag{3.89}$$

もちろん，式 (3.85) を使えば，式 (3.89) はただちに得られる．

主点の位置は，式 (3.60)，(3.61) より，

$$l'_{\mathrm{H}'} = \frac{c-1}{a} = -r \tag{3.90}$$

$$l_{\mathrm{H}} = \frac{1-b}{a} = r \tag{3.91}$$

である．つまり両主点はともに球レンズの曲率中心にある．以上の計算を行う SymPy プログラムを次に示す．

例題 3.6 のプログラム

```
 1  from sympy import Matrix, symbols, simplify
 2  from sympy.abc import a, b, c, d
 3
 4  r, n, p1, p2, T, f, lH1, lH2=symbols("r n p1 p2 T f lH1 lH2")
 5
 6  T = 2*r / n
 7  p1 = (n-1)/r
 8  p2 = -(1-n)/r
 9  RM1 = Matrix([[1, -p1],[0, 1]])
10  RM2 = Matrix([[1, -p2],[0, 1]])
11  TM = Matrix([[1, 0],[T, 1]])
12  SM = RM2 * TM * RM1
13  SM = simplify(SM)
14  print(SM)
15
16  a = -SM[0,1]
17  b = SM[0,0]
18  c = SM[1,1]
19  d = -SM[1, 0]
20
21  lH1 = (1-b) / a
22  lH2 = (c-1) / a
23  lH1 = simplify(lH1)
24  lH2 = simplify(lH2)
25
26  print(lH1, lH2)
```

IPython コンソールには,

```
1  Matrix([[(2 - n)/n, (2 - 2*n)/(n*r)], [2*r/n, (2 - n)/n]])
2  r -r
```

と出力される. つまり,

$$\mathcal{S} = \begin{pmatrix} (2-n)/n & (2-2n)/nr \\ 2r/n & (2-n)/n \end{pmatrix} \qquad (3.92)$$

$$l_{\mathrm{H}} = r \qquad (3.93)$$

$$l'_{\mathrm{H'}} = -r \qquad (3.94)$$

が得られる.

例題 3.7 組合せレンズ

図 3.15 に示すような空気中に置かれた 2 枚のレンズからなる光学系の像空間焦点距離 f' を求めよ. ただし, 第 1 のレンズの屈折率は n_1, 厚さは t'_1, 第 2 のレンズの屈折率は n_2, 厚さは t'_2, レンズの間隔を t' とする.

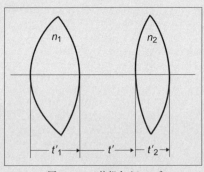

図 3.15 2 枚組合せレンズ

式 (3.37) を参考にすると, 第 1 のレンズの光学系行列は,

$$\mathcal{S}_1 = \begin{pmatrix} b_1 & -a_1 \\ -d_1 & c_1 \end{pmatrix} \qquad (3.95)$$

第 2 のレンズの光学系行列は,

$$S_2 = \begin{pmatrix} b_2 & -a_2 \\ -d_2 & c_2 \end{pmatrix} \tag{3.96}$$

したがって，組合せレンズの光学系行列は，

$$S = \begin{pmatrix} b_1 & -a_1 \\ -d_1 & c_1 \end{pmatrix} \begin{pmatrix} 1 & 0 \\ t' & 1 \end{pmatrix} \begin{pmatrix} b_2 & -a_2 \\ -d_2 & c_2 \end{pmatrix} \tag{3.97}$$

である．

次に，式 (3.97) を SymPy を使って計算しよう．

例題 3.7 のプログラム

```
1   from sympy import Matrix, symbols
2
3   a1, b1, c1, d1, t1 = symbols("a1, b1, c1, d1, t1 ")
4   a2, b2, c2, d2, t2, t = symbols("a2, b2, c2, d2, t2, t ")
5   S1 = Matrix([[b1, -a1],[-d1, c1]])
6   T = Matrix([[1, 0],[t, 1]])
7   S2 = Matrix([[b2, -a2],[-d2, c2]])
8   S = S2 * T * S1
9   print(S)
```

IPython コンソールには，

```
1   Matrix([[a2*d1 + b1*(-a2*t + b2), -a1*(-a2*t + b2) - a2*c1],
2   [b1*(c2*t - d2) - c2*d1, -a1*(c2*t - d2) + c1*c2]])
```

と出力される．つまり，

$$S = \begin{pmatrix} b & -a \\ -d & c \end{pmatrix} = \begin{pmatrix} a_2 d_1 + b_1(-a_2 t' + b_2) & -a_1(-a_2 t' + b_2) - a_2 c_1 \\ b_1(c_2 t' - d_2) - c_2 d_1 & -a_1(c_2 t' - d_2) + c_1 c_2 \end{pmatrix} \tag{3.98}$$

したがって，組合せレンズの合成焦点距離は，式 (3.40) より，

$$\frac{1}{F'} = \frac{1}{f'} = a = a_1 b_2 + a_2 c_1 - a_1 a_2 t'$$

$$= \frac{b_2}{f_1'} + \frac{c_1}{f_2'} - \frac{t'}{f_1' f_2'} \tag{3.99}$$

ただし，f_1', f_2' は第 1 レンズと第 2 レンズの像空間焦点距離である．式 (3.38) を用いると，

$$\frac{1}{f'} = \frac{1 - p_{22}t'_2/n_2}{f'_1} + \frac{1 - p_{11}t'_1/n_1}{f'_2} - \frac{t'}{f'_1 f'_2} \tag{3.100}$$

が得られる．ただし，p_{11}, p_{22} は，第 1 レンズの第 1 面の屈折力，第 2 面の屈折力である．

特に，両レンズが薄肉レンズの場合には，$t'_1 = t'_2 = 0$ であるから，

$$\frac{1}{f'} = \frac{1}{f'_1} + \frac{1}{f'_2} - \frac{t'}{f'_1 f'_2} \tag{3.101}$$

が得られる．さらに，薄肉レンズが密着している場合には，$t' = 0$ であるので，

$$\frac{1}{f'} = \frac{1}{f'_1} + \frac{1}{f'_2} \tag{3.102}$$

例題 3.7 の別解（薄肉レンズの場合）

式 (3.41) の薄肉レンズの行列と式 (3.35) のレンズ間隔を表す行列を用いると，空気中に置かれた 2 枚組レンズの光学系行列は，

$$\begin{aligned}
\mathcal{S}_2 \mathcal{T} \mathcal{S}_1 &= \begin{pmatrix} 1 & -1/f'_2 \\ 0 & 1 \end{pmatrix} \begin{pmatrix} 1 & 0 \\ t & 1 \end{pmatrix} \begin{pmatrix} 1 & -1/f'_1 \\ 0 & 1 \end{pmatrix} \\
&= \begin{pmatrix} 1 - t/f'_2 & -1/f'_1 - 1/f'_2 + t/\left(f'_1 f'_2\right) \\ t & 1 - t/f'_1 \end{pmatrix}
\end{aligned} \tag{3.103}$$

となり，ただちに式 (3.101) が得られる．

例題 3.8　単レンズ (2)

図 3.16 に示すレンズの像空間主点 H′ の位置 $(l'_{\mathrm{H}'})$，像空間焦点 F′ の位置 $(l'_{\mathrm{F}'})$ を求めよ．ただし，$r_1 = 60.00$, $r_2 = -353.30$, $n = 1.5167$, $t = 4.00$, レンズ前後の媒質は空気である．

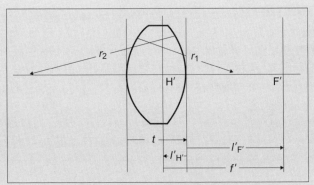

図 3.16 単レンズ

光学系行列の要素は,

$$p_1 = \frac{n-1}{r_1} = \frac{1.516 - 1}{60.00} = 0.0086,$$
$$p_2 = \frac{1-n}{r_2} = \frac{1 - 1.516}{-353.30} = 0.00146,$$
$$T = \frac{t}{n} = \frac{4.0}{1.516} = 2.639 \tag{3.104}$$

したがって,光学系行列は,

$$\begin{aligned}\mathcal{S} &= \begin{pmatrix} 1 & -p_2 \\ 0 & 1 \end{pmatrix} \begin{pmatrix} 1 & 0 \\ T & 1 \end{pmatrix} \begin{pmatrix} 1 & -p_1 \\ 0 & 1 \end{pmatrix} \\ &= \begin{pmatrix} 1 & -0.00146 \\ 0 & 1 \end{pmatrix} \begin{pmatrix} 1 & 0 \\ 2.639 & 1 \end{pmatrix} \begin{pmatrix} 1 & -0.0086 \\ 0 & 1 \end{pmatrix} \\ &= \begin{pmatrix} 0.99614706 & -0.010026864716 \\ 2.639 & 0.9773046 \end{pmatrix}\end{aligned} \tag{3.105}$$

この行列の行列式は 1 であることに注意. 行列の各要素は,式 (3.38) を用いて直接求めることもできる.

レンズの焦点距離,主要点の位置は,

$$F' = f' = -f = \frac{1}{a} = \frac{1}{0.0100} = 100.0 \tag{3.106}$$

$$L'_{H'} = l'_{H'} = \frac{c-1}{a} = \frac{0.9773 - 1}{0.0100} = -2.27 \tag{3.107}$$

$$L'_{F'} = l'_{F'} = \frac{c}{a} = \frac{0.9773}{0.0100} = 97.73 \tag{3.108}$$

なお，物空間主点 H の位置 (l_H)，物空間焦点 F の位置 (l_F) は，

$$L_H = l_H = \frac{1-b}{a} = 0.39 \tag{3.109}$$

$$L_F = l_F = -\frac{b}{a} = -99.61 \tag{3.110}$$

である．

3.6.6 反 射 鏡

光の屈折は，屈折率が n の媒質から屈折率 n' の媒質へ伝播する場合の，その境界面における現象である．反射も同じ境界面で起きる現象であるが，屈折率 n の媒質から同じ屈折率 n の媒質に伝播する現象である．ただし，反射した光は入射した光と反対方向に戻される．つまり，反射は屈折率 n の媒質から屈折率 $-n$ の媒質の方向への屈折と同じとみなすことができる．したがって，屈折の式において，$n' = -n$ と置き換えることによって，反射の式になる．

曲率半径 r で屈折率 n の媒質中にある球面反射鏡の屈折力は，式 (3.31) より，

$$p = \frac{n_2 - n_1}{r} = \frac{-n - n}{r} = -\frac{2n}{r} \tag{3.111}$$

である．

また，反射光の移行に関しては，屈折率 $-n$ の媒質を t だけ進むと考えると，

$$T = -\frac{t}{n} \tag{3.112}$$

となる．

球面における屈折式 (3.71) を用いると，空気中の球面鏡における反射式は，$n' = -n = -1$ として，

$$\frac{1}{s'} + \frac{1}{s} = \frac{2}{r} = \frac{1}{f} = \frac{1}{f'} \tag{3.113}$$

が得られる．

例題 3.9 光共振器

図 3.17 に示すような，空気中に置かれた曲率半径 r_1 と r_2 の 2 つの球面鏡で構成される光共振器を考えよう．球面鏡の間隔を d とする．ここで

も近軸光線のみを考えることにする.この共振器の安定条件を議論せよ.

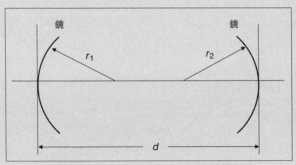

図 3.17 2つの球面鏡からなる光共振器

曲率半径 r_1 の球面鏡を射出した光線が距離 d 伝播して曲率半径 r_2 の球面鏡に到達し,反射して再び元の球面鏡に到達したとすると,このときの光学系行列は,

$$\begin{aligned}
\mathcal{S} &= \begin{pmatrix} 1 & -p_1 \\ 0 & 1 \end{pmatrix} \begin{pmatrix} 1 & 0 \\ T & 1 \end{pmatrix} \begin{pmatrix} 1 & -p_2 \\ 0 & 1 \end{pmatrix} \begin{pmatrix} 1 & 0 \\ T & 1 \end{pmatrix} \\
&= \begin{pmatrix} 1 & 2/r_1 \\ 0 & 1 \end{pmatrix} \begin{pmatrix} 1 & 0 \\ d & 1 \end{pmatrix} \begin{pmatrix} 1 & 2/r_2 \\ 0 & 1 \end{pmatrix} \begin{pmatrix} 1 & 0 \\ d & 1 \end{pmatrix} \\
&= \begin{pmatrix} 1 & 2(g_1-1)/d \\ 0 & 1 \end{pmatrix} \begin{pmatrix} 1 & 0 \\ d & 1 \end{pmatrix} \begin{pmatrix} 1 & 2(g_2-1)/d \\ 0 & 1 \end{pmatrix} \begin{pmatrix} 1 & 0 \\ d & 1 \end{pmatrix}
\end{aligned} \quad (3.114)$$

ここで,$T = d$,$p_1 = -2/r_1$,$p_2 = -2/r_2$ である.さらに,光共振器パラメーターとして,

$$\begin{aligned} g_1 &= 1 - \frac{d}{r_1} \\ g_2 &= 1 - \frac{d}{r_2} \end{aligned} \quad (3.115)$$

を用いた.

ここで,光学系行列 (3.114) の固有値を求めてみよう [3].SymPy の

---

[3] $n \times n$ の行列 $\mathcal{M}$ に対して,$\mathcal{M}x = \lambda x$ を満足する零ベクトルでないベクトル x と,スカラー λ が存在するとき,λ を行列 $\mathcal{M}$ の固有値という.x は固有ベクトルと呼ばれる.

コードを以下に示す．このとき，2 つの固有値 λ_1，λ_2 がともに 1 であれば，光学系行列の出力光線ベクトルが入射ベクトルに等しくなるので，光共振器からの出力光線が元の入力光線に戻ることになる．つまり，光共振器は安定動作することを意味する．

固有値を求める SymPy コードを以下に示す．

例題 3.9 のプログラム (1)

```
1  from sympy import Matrix, symbols
2
3  r1, r2, d, g1, g2 = symbols("r1, r2, d, g1, g2")
4
5  R1 = Matrix([[1, 2*(g1-1)/d],[0,1]])
6  R2 = Matrix([[1, 2*(g2-1)/d],[0,1]])
7  D = Matrix([[1, 0],[d, 1]])
8  S = R1 * D * R2 * D
9  Seigen= S.eigenvals()
10 print(Seigen)
```

行 9 の .eigenvalues() は行列の固有値を求めるメソッドである．

IPython コンソールには，

```
1  {2*g1*g2 - 2*sqrt(g1*g2*(g1*g2 - 1)) - 1: 1,
2   2*g1*g2 + 2*sqrt(g1*g2*(g1*g2 - 1)) - 1: 1}
```

と出力される．

SymPy では固有値を求めるメソッド .eigenvals() は，固有値と固有値の重複度が，辞書型で出力される．キーは固有値，値は固有値の重複度である．つまり，固有値は 2 つあり，

$$\lambda_1 = 2g_1g_2 - 2\sqrt{g_1g_2(g_1g_2 - 1)} - 1 \tag{3.116}$$

$$\lambda_2 = 2g_1g_2 + 2\sqrt{g_1g_2(g_1g_2 - 1)} - 1 \tag{3.117}$$

である．

ここで，$|\lambda_1| = |\lambda_2| = 1$ になる条件を考えてみよう．まず，式 (3.116) を書き直すと，

$$\lambda_1 = (2g_1g_2 - 1) - \mathrm{i}\sqrt{1 - (2g_1g_2 - 1)^2} \tag{3.118}$$

ここで，$|\lambda_1| = 1$ となるためには，実部と虚部が半径 1 の円上にある必要があるので，

$$|1 - (2g_1 g_2 - 1)^2| \leq 1, \qquad 0 \leq g_1 g_2 \leq 1 \qquad (3.119)$$

が必要である．実際，式 (3.118) をプロットしてみよう．以下に，式 (3.118) をプロットするプログラムを示す．

例題 3.9 のプログラム (2)

```
1  import matplotlib.pyplot as plt
2  import numpy as np
3
4  N = 100
5  x = np.linspace(-1, 2, N)
6  y = np.zeros(N)
7  for i in range(N):
8      if (2 * x[i] -1)**2 -1 >= 0:
9          y[i] = np.abs(2 * x[i] - 1 - \
10          np.sqrt((2 * x[i] - 1) ** 2 -1 ))
11     else:
12         y[i] = np.abs(2 * x[i] - 1 - \
13         np.complex(0, np.sqrt(1 -( 2 * x[i] - 1) ** 2)))
14
15 fig, ax = plt.subplots()
16 ax.plot(x, y, c="k")
17 ax.set_xlabel("$g_1 * g_2$")
18 ax.set_ylabel("$\lambda_1$")
```

ただし，$x = g_1 * g_2$ とした．このときの，固有値 $y = \lambda_1$ と x のグラフは，図 3.18 のようになる．確かに，$0 \leq g_1 g_2 \leq 1$ の範囲で $\lambda_1 = 1$ になっている．

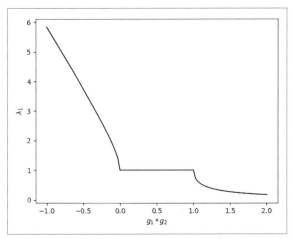

図 3.18 例題 3.9 のプログラム (2) の出力

ここで，光共振器の安定条件を満足する具体的な構成の例を図 3.19 に示す．

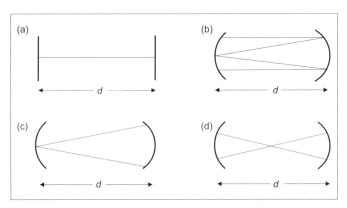

図 3.19 安定条件を満たす光共振器の例. (a): ファブリ・ペロー共振器. $r_1 = r_2 = \infty$, $g_1 = g_2 = 1$. (b): 焦点型共振器. $r_1 = r_2 = 2d$, $g_1 = g_2 = 1/2$, $d = f$. (c): 共焦点型共振器. $r_1 = r_2 = d$, $g_1 = g_2 = 0$, $d = 2f$. (d). 共球心型共振器. $r_1 = r_2 = d/2$, $g_1 = g_2 = -1$, $d = 4f$.

光共振器は，レーザー発振や分光などで利用されている．

3.7 光学系の絞り

光学系において，通過する光線の範囲を制限する作用を持たせるために開口板を用いる．これを絞りという．図 3.20 に示すように，入射光線を制限するのが開口絞り，物体面や像面に置いて結像の視野を制限するのが視野絞りである．

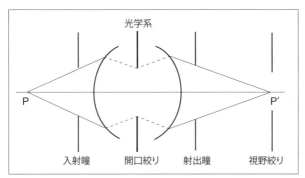

図 3.20 光学系における絞り．開口絞りと視野絞り．

3.7.1 開口絞り

開口絞りは，光学系の内部に置かれることが多い．通常，開口は円形である．この開口絞りを物体側から見た像を入射瞳と呼ぶ．同じく，像側から見た開口絞りの像を射出瞳という．入射瞳や射出瞳の位置と大きさは，開口絞りから物体空間または像空間への近軸光線による追跡によって求められる．物体空間で入射瞳の縁を通る光線は，開口絞りの縁を通り，射出瞳の縁を通る．物点（光軸上に無くてもよい）から入射瞳の中心を通過する光線を主光線という．入射瞳と開口絞りは共役なので，主光線は開口絞りの中心を通る．開口絞りを絞っていった場合，最後に残る光線が主光線であるといえる．

3.7.2 口径比，F ナンバー

光学系に入射する光量は，その光学系の入射瞳の大きさにより，入射瞳が物体に張る立体角に比例する．簡単化のため光学系が薄肉単レンズであるとしよう．物体は光軸上にある点物体であるとし，レンズから物体までの距離を s とする．入射瞳の直径を D とすれば，立体角は $\pi(D/2)^2/s^2$ である．像の明るさは，物体

の単位面積に放出される光量による．物体が一様の光量を放出するとすれば，像の明るさは光学系の横倍率 s'/s の 2 乗に逆比例する．ただし，s' はレンズから像までの距離である．結局，像の明るさは $(D/s)^2 (s/s')^2 = (D/s')^2$ に比例することになる．

物体が十分遠方にあるときは，f' をレンズの焦点距離とすると，$s' = f'$ であるので，像の明るさは入射瞳の直径 D_E と焦点距離 f' との比 D_E/f' の 2 乗に比例する．この比を光学系の口径比と呼び，その逆数を F ナンバーという．すなわち，

$$口径比 = \frac{D_E}{f'}, \qquad F ナンバー = \frac{f'}{D_E} \tag{3.120}$$

カメラレンズの絞りは，F ナンバー 2.8，4，5.6，8，11 のように公比 $\sqrt{2}$ で増えてゆく．像の明るさの方は，公比 1/2 で減少する．

3.7.3 テレセントリック光学系

入射瞳または射出瞳が無限遠にある光学系をテレセントリック光学系という．これを実現するためには，開口絞りを物空間もしくは像空間の焦点位置に置けばよい．例えば，図 3.21 に示すように開口絞りを像空間焦点位置に置いた光学系は物体側にテレセントリックであるという．射出瞳の中心を通る光線（主光線）は物体側では光軸に平行に進むので，像面上に生ずる像の大きさは，物空間で物体が多少前後の位置でずれても，変わらない．物体の大きさを計測することを目的とした光学系では，このような光学系が用いられる．

像側にテレセントリックな光学系もあり，この場合には，像面が光軸方向に多少ずれても像の大きさは変わらない．

望遠鏡の光学系は入射瞳と射出瞳が無限遠にある光学系である．

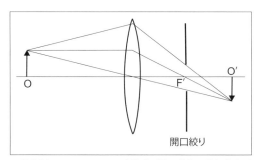

図 3.21 物体側テレセントリック光学系（開口絞りが後側焦点面にある）

3.8 収　　　差

　近軸光線のみによる結像は，点物体から出た光線は全て1つの点に収束する理想的な結像である．しかし，現実の光学系では，近軸光線以外の光線も考慮しなければならない．つまり，点光源から射出された光線は1点に収束せずに像はボケてしまう．このように，理想像点からの光線のズレを光線収差という．また，屈折率には分散があるので，近軸光線の結像であっても，光の波長によって像の位置が異なる．これを色収差という．

3.8.1　光線収差

　簡単な光線収差の例として，図 3.22 に示すような球面における屈折を考えよう．球面の両側の媒質の屈折率を，n, n' とする．点物体 P と球面の曲率中心 C を結ぶ線が光軸である．光軸と球面が交わる点を O とする．点物体 P から出た光線が球面上の点 Q で屈折するとする．屈折後，この光線は光軸と点 P' で交わるとする．点 Q における入射角と屈折角を i, i' とする．近軸光線のみを考えた場合には，この点 P' が近軸像点である．光軸と光線の成す角を u, u' とする．距離は点 O から測り，物点 P，像点 P'，曲率中心 C までの距離を，それぞれ，s, s', r とする．球面の曲率中心 C が O より右にあるので，$r > 0$ である．

　このとき，正弦定理により，△PQC に対して，

$$\frac{\sin u}{r} = \frac{\sin(\pi - i)}{-s + r} \tag{3.121}$$

△CQP' に対して，

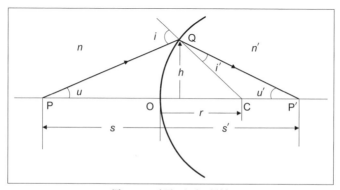

図 3.22　球面における屈折

$$\frac{\sin i'}{s' - r} = \frac{\sin\left(-u'\right)}{r} \tag{3.122}$$

が成り立つ. 点 Q における屈折に対して,

$$n \sin i = n' \sin i' \tag{3.123}$$

したがって,

$$\frac{\sin u}{\sin u'} = \frac{s' - r}{-s + r} \frac{n'}{n} \tag{3.124}$$

が成り立つ. ここで, 次のような近似を考えよう.

$$\tan u = \frac{h}{-s} \tag{3.125}$$

この近似は, 近軸近似ほど厳しい条件ではないが, $|h| \ll |s|, |s'|, |r|$ の条件を仮定している. このとき, 屈折点 Q の高さ h に対する点 P′ までの距離 s' をプロットしてみよう. $u' = -(u + i' - i)$ であることに注意すると, 式 (3.122), (3.123) より,

$$s' = r - \frac{nr \sin i}{n' \sin(u + i' - i)} \tag{3.126}$$

s' を求めるための Python コードを, プログラム 3.1 に示す. i は式 (3.121) から, u は式 (3.125) から求める. $n = 1.0$, $n' = 1.5$, $r = 10\,\mathrm{mm}$, $s = -400\,\mathrm{mm}$ とした場合の, 点 P′ の位置 s' のプロットを図 3.23 に示す.

プログラム 3.1

```
1  import matplotlib.pyplot as plt
2  import numpy as np
3
4  h = np.linspace(0, 5, 100)
5  n0 = 1.0
6  n1 = 1.5
7  r = 10
8  s0 = -400
9  u0 = np.arctan(h / -s0)
10 i0 = np.arcsin((-s0 + r) * np.sin(u0) / r)
11 i1 = np.arcsin(n0 / n1 * np.sin(i0))
12 s1 = r -  r * n0 * np.sin(i0) / (n1 * np.sin(u0 + i1 -i0))
13
14 fig, ax = plt.subplots()
15 ax.plot(h, s1)
16 ax.set_xlabel("h")
17 ax.set_ylabel("s'")
```

3.8 収差

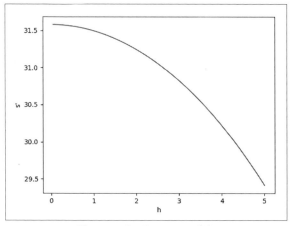

図 3.23 プログラム 3.1 の出力

ここで，近軸像点位置を求めてみよう．近軸光線に対する式 (3.124) は，

$$\frac{u}{u'} = \frac{s'-r}{-s+r}\frac{n'}{n} \tag{3.127}$$

また，

$$\frac{u}{u'} = \frac{h/(-s)}{h/s'} = -\frac{s'}{s} \tag{3.128}$$

したがって，

$$-\frac{n}{s} + \frac{n'}{s'} = \frac{n'-n}{r} \tag{3.129}$$

したがって，プログラム 3.1 の場合の近軸像点の位置 $s' = 31.58$ が得られる．

$h = 0$ でない光線は，$s' = 31.58$ からずれた位置を通る．このずれが収差である．この収差は，屈折面が球面であることから生じるので，球面収差と呼ばれている．例題 3.1 で述べたデカルトの卵型を前面に，後面を凹の球面とした単レンズは球面収差を無くすることができる．

収差は，この球面収差以外も，コマ収差，非点収差，像面湾曲，歪曲収差など 5 種類に分類されることが多い．これをザイデルの五収差という．このザイデルの五収差は，単一の波長に対するものである．

● **波面収差**

収差の記述法として，光線の理想像からの偏差によって定義される光線収差のほかに理想点像に収束する波面（参照球面）からの偏差によって収差を定義することもできる．これを波面収差と呼ぶ．図 3.24 に示すように，点物体 P の近軸

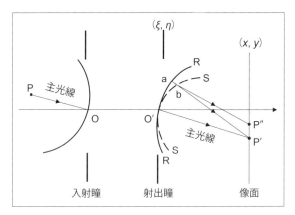

図 3.24 波面収差. P: 点物体, P′: 理想像点, RR: 参照球面, SS: 実際の波面, P″: 実際の波面 SS が作る像, b: 実際の波面 SS 上の点, a: 光線 bP″ と参照球面との交点.

像点を P′ とする．近軸像点 P′ に収束する射出瞳上の球面を RR とする．これが参照球面である．実際の像 P″ を作る射出瞳上の波面を SS とする．光学系に収差があると，この波面は球面ではない．波面 SS 上の点 b を考え，光線 bP″ と交わる参照球面上の点を a とする．ab を波面収差という．

3.8.2 色収差

屈折率分散を考慮すると，結像式 (3.20) などに屈折率が含まれているので，波長が異なると結像点位置も異なり，収差が生まれる．これを色収差ということはすでに述べた．

色収差を除いたレンズを色消しレンズという．色消しとなる条件を考えてみよう．薄肉単レンズの場合の焦点距離を与える式は，式 (3.86) である．これを屈折率 n で微分すると，

$$-\frac{\mathrm{d}f'}{f'} = \frac{\mathrm{d}n}{n-1} \tag{3.130}$$

ここで，考える波長範囲を F 線から C 線（表 3.3 参照）までとすると屈折率の変化幅は $n_\mathrm{F} - n_\mathrm{C}$ であり，基準の波長を d 線とすると，$\mathrm{d}n/(n-1)$ は，アッベ数 ν_d（式 (3.14)）の逆数になるので，

$$\frac{\mathrm{d}f'}{f'} = -\frac{1}{\nu_\mathrm{d}} \tag{3.131}$$

が得られる．

2枚の薄肉レンズを密着させた場合の合成焦点距離は，式 (3.102) より，2つの薄肉レンズの焦点距離をそれぞれ，f_1', f_2' として，

$$\frac{1}{f'} = \frac{1}{f_1'} + \frac{1}{f_2'} \tag{3.132}$$

であるので，

$$\frac{\mathrm{d}f'}{f'^2} = \frac{\mathrm{d}f_1'}{f_1'^2} + \frac{\mathrm{d}f_2'}{f_2'^2} = -\frac{1}{\nu_1 f_1'} - \frac{1}{\nu_2 f_2'} \tag{3.133}$$

したがって，色消しの条件は，

$$\frac{1}{\nu_1 f_1'} + \frac{1}{\nu_2 f_2'} = 0 \tag{3.134}$$

である．ただし，ν_1, ν_2 は2つの薄肉レンズ媒質のアッベ数である．アッベ数は正なので，焦点距離が正と負のレンズを組み合わせる必要があることがわかる．クラウンガラス（K）の凸レンズとフリントガラス（F）の凹レンズを図 3.25 のように接合させることが多い．望遠鏡の対物レンズとしてよく用いられる．

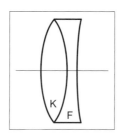

図 3.25 色消しレンズ

3.9 レンズの利用

3.9.1 拡大鏡（虫メガネ）

最も簡単なレンズの応用として拡大鏡について考えてみよう．凸レンズで物体を観測する場合に，物空間焦点 F の内側に物体をおくと，倍率の大きい正立の虚像が物空間にできる．この像を眼で観測すると拡大された物体を見ることができる．このときの凸レンズを拡大鏡もしくは虫メガネという．図 3.26 に示すように，物体の高さを y，像の高さを y'，拡大鏡の焦点距離を f'，拡大鏡から虚像までの距離を s' とする．また，拡大鏡から眼までの距離を e とする．このとき，

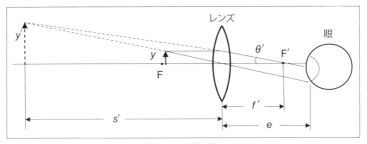

図 3.26 拡大鏡

$$\frac{y}{f'} = \frac{y'}{f' + s'} \tag{3.135}$$

の関係があり,眼で像を見るときの視角を θ' とすると,

$$\tan\theta' = \frac{y'}{s' + e} = \frac{y(f' + s')}{f'(s' + e)} \tag{3.136}$$

となる.明視の距離[*4] D_V で物体を見るときの視角を θ とすると,

$$\tan\theta = \frac{y}{D_V} \tag{3.137}$$

が得られる.拡大鏡の倍率は,

$$\gamma = \frac{\tan\theta'}{\tan\theta} = \frac{D_V}{f'} \cdot \frac{s' + f'}{s' + e} = \frac{D_V}{f'}\left(1 - \frac{e}{s' + e} + \frac{f'}{s' + e}\right) \tag{3.138}$$

で与えられる.もし,眼を拡大鏡の直後におくと $e = 0$ で,眼の焦点を無限遠に合わせると,

$$\gamma = \frac{D_V}{f'} \tag{3.139}$$

明視の距離 D_V を 25 cm,拡大鏡の焦点距離を 10 cm とすると倍率は 2.5 倍である.

3.9.2 望 遠 鏡

望遠鏡は,遠方の物体の像を作る光学系とこの像を拡大して観測する光学系とからなる.物体の像を作る光学系は,反射光学系の場合もあるが,屈折光学系の場合には対物レンズと呼ばれる.拡大像を観測する光学系は,接眼レンズと呼ばれている.屈折望遠鏡には,接眼レンズが凸レンズのケプラー式と,凹レンズのガ

[*4] 楽に物体を見ることができる,物体と眼の最短距離.25 cm とすることが多い.

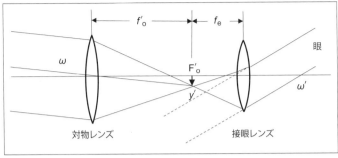

図 3.27 ケプラー式望遠鏡の構成

リレイ式がある．ケプラー式望遠鏡の構成を図 3.27 に示す．物体は遠方にあるので，入射光線束は平行光線束として対物レンズに入射する．物体像は対物レンズのほぼ焦点面（F'_o）にできる．この物体像を接眼レンズを物体側焦点面（F_o）に配置して観測する．接眼レンズから光線は平行光線として射出される．このとき，接眼レンズに入射する平行光線の光軸との成す視角 ω と接眼レンズを通して見たときの視角 ω' の比で角倍率 γ が決まる．すなわち，

$$\gamma = \frac{\tan\omega'}{\tan\omega} = \frac{-y'/(-f_e)}{-y'/f'_o} = -\frac{f'_o}{f_e} \tag{3.140}$$

ただし，f'_o，f_e はそれぞれ，対物レンズと接眼レンズの焦点距離である．角倍率 γ はマイナスであるので，見える像は倒立像である．

屈折望遠鏡の対物レンズには色収差低減のため，図 3.25 のような構成の色消しレンズが用いられる．色消しレンズが発明される前は，焦点距離が長い対物レンズが用いられた．ニュートンは反射鏡を用いれば色収差が発生しないことに気づいた．明るい像を得るためには，光学系の口径を大きくする必要がある．対物レンズよりも反射鏡の方が口径を大きくしやすいので，ほとんどの大型天体望遠鏡は反射型である．

3.9.3 顕微鏡

微細な物体を拡大して観測する光学機械が顕微鏡である．対物レンズでできた倒立拡大像を接眼レンズでさらに拡大する．図 3.28 に示すように，物体を PO，対物レンズの焦点距離を f'_o，その像を P'O'，対物レンズの焦点 F'_o とする．この像を拡大する接眼レンズの焦点距離を f'_e，この接眼レンズによる像を P''O'' とする．対物レンズの焦点 F'_o と像点 P' の距離を L とする．このときの対物レン

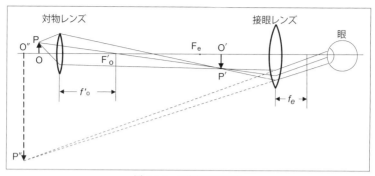

図 3.28 顕微鏡の光学系

の倍率は，式 (3.76) より，

$$\beta_{\mathrm{o}} = -\frac{L}{f'_{\mathrm{o}}} \tag{3.141}$$

接眼レンズの倍率は式 (3.139) で求められるので，総合倍率は対物レンズの倍率と接眼レンズの倍率の積であるから，

$$M = -\frac{0.25L}{f'_{\mathrm{o}} f'_{\mathrm{e}}} \tag{3.142}$$

で与えられる．ただし，明視の距離 D_{V} を $0.25\,\mathrm{m}$ とする．長さの単位は全て m とする．式 (3.76) が成り立つ場合には，眼は無限遠にピントを合わせているので，距離 L は対物レンズの像空間焦点位置と接眼レンズの物空間焦点位置の距離に等しい．この距離 L を鏡筒長という．

4 | 波動としての光

　光は波動性と粒子性の両方の性質を持っている．光が巨視的な空間をどのように伝播するかを考える場合には，光の粒子性は無視でき，光の波動性が顕著に現れる．以下の章では，光は波動であるとの立場から光の性質や機能を議論する．
　本題に入る前に，この章では波動の一般的な性質を考える．

4.1 波動とは

　スピーカーの振動が空気を振動させ，空気中を伝わって音として聞こえる．このように，振動あるいは変位が次々と空間を伝わってゆくものが波動である．一般的には，ある物理量の時間的変化が空間を伝播していく現象が波動である．
　では，波動の運動を表すために，どのように定式化するのが妥当であろうか．今，ある瞬間の波動の形が図 4.1 のようであったとしよう．この形のまま時間変化とともに空間を移動するのが波動である．縦軸は，波の変位量でこれを u で表す．波の変位は空間座標 z と時間変数 t の関数であるので，波動は $u(z,t)$ と書ける．時間の原点を $t=0$ として，そのときの波動の形を関数 $f(z)$ で表すと，$u(z,0) = f(z)$ である．この波動の速度が v であると，時刻 t では，

$$u(z,t) = f(z - vt) \tag{4.1}$$

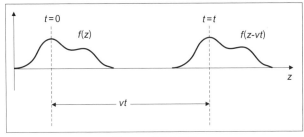

図 4.1　波動の伝播

となる.

4.2 波動方程式

波動の時間的空間的な変化を記述する方程式を波動方程式という. 波の変位は, 式 (4.1) で表される. ここで, $\tau = z - vt$ とおくと,

$$\frac{\partial u}{\partial z} = \frac{\partial u}{\partial \tau}\frac{\partial \tau}{\partial z} = \frac{\partial u}{\partial \tau} \tag{4.2}$$

$$\frac{\partial u}{\partial t} = \frac{\partial u}{\partial \tau}\frac{\partial \tau}{\partial t} = -v\frac{\partial u}{\partial \tau} \tag{4.3}$$

が得られる. したがって,

$$\frac{\partial u}{\partial z} = -\frac{1}{v}\frac{\partial u}{\partial t} \tag{4.4}$$

これをもう一度偏微分すると,

$$\frac{\partial^2 u}{\partial z^2} = \frac{1}{v^2}\frac{\partial^2 u}{\partial t^2} \tag{4.5}$$

が得られる. この方程式は, z 方向と $-z$ 方向に速度 v で進む波, あるいは両者の和

$$u(z, t) = f(z - vt) + g(z + vt) \tag{4.6}$$

を解として持つ. 式 (4.5) は波動方程式と呼ばれている.

3 次元空間を伝播する波動の方程式は,

$$\frac{\partial^2 u}{\partial x^2} + \frac{\partial^2 u}{\partial y^2} + \frac{\partial^2 u}{\partial z^2} = \frac{1}{v^2}\frac{\partial^2 u}{\partial t^2} \tag{4.7}$$

である.

ここで, ラプラシアン演算子

$$\nabla^2 = \frac{\partial^2}{\partial x^2} + \frac{\partial^2}{\partial y^2} + \frac{\partial^2}{\partial z^2} \tag{4.8}$$

を用いると, 式 (4.7) を,

$$\nabla^2 u = \frac{1}{v^2}\frac{\partial^2 u}{\partial t^2} \tag{4.9}$$

と書くこともできる.

4.2.1 正　弦　波

波動方程式 (4.5) の解として,

$$u(z,t) = A\cos\left[\frac{2\pi}{\lambda}(z - vt) + \phi\right] \tag{4.10}$$

を考えよう. この波動は, 変位 u が場所 z と時間 t に対して正弦関数の形をして
いるので, 正弦波と呼ばれる. ここで, A は振幅で変位の最大値である. また,
正弦関数の [ ] の中を位相と呼ぶ. ϕ は初期位相と呼ばれる. 初期位相は空間と
時間の原点を適当に選べば 0 とすることができる. 変位 u は距離 z が λ だけ移動
するごとに同じ値を繰り返す. したがって, λ は波長である.

波動の速度 v は, 単位時間に進む距離であるから, この距離の間に存在する波
長 λ の数が周波数 ν である. つまり,

$$\nu = \frac{v}{\lambda} \tag{4.11}$$

の関係がある. このときの波動の速度を位相速度 v_p と呼ぶ. 式 (4.10) の位相が
時間の変化によって速度 v_p で移動するからである.

波数 $k = 2\pi/\lambda$ と角周波数 $\omega = 2\pi\nu$ を使うと, 式 (4.10) は,

$$u(z,t) = A\cos\left[(kz - \omega t) + \phi\right] \tag{4.12}$$

と書くことができる.

● 波動の位相と局所周波数

波動の位相 $\Phi(z,t)$ を,

$$\Phi(z,t) = kz - \omega t + \phi = 2\pi\nu_\mathrm{s}(z)z - 2\pi\nu_\mathrm{t}(t)t + \phi \tag{4.13}$$

で定義する. ここで $\nu_\mathrm{s}(z)$ は空間周波数, $\nu_\mathrm{t}(t)$ は時間周波数である. 式 (4.12) で
表される正弦波は, $u(z,t) = A\cos\left[\Phi(z,t)\right]$ と書ける. ここで, 周波数 ν が場所
z の関数である場合, 周波数の変化が十分ゆっくりであるとき,

$$\frac{1}{2\pi}\frac{\partial\Phi(z,t)}{\partial z} = \frac{\partial\nu_\mathrm{s}(z)}{\partial z}z + \nu_\mathrm{s}(z) \approx \nu_\mathrm{s}(z) \tag{4.14}$$

である. つまり, 波動の周波数がゆっくり変化しているとき, 局所空間周波数が
定義でき, それは位相 $\Phi(z,t)$ の空間微分に比例する.

$$\nu_\mathrm{s}(z) = \frac{1}{2\pi}\frac{\partial\Phi(z,t)}{\partial z} \tag{4.15}$$

同様に, 時間信号に対しても, 瞬時周波数が定義できる.

$$\nu_\mathrm{t}(t) = -\frac{1}{2\pi}\frac{\partial\Phi(z,t)}{\partial t} \tag{4.16}$$

● 平　面　波

式 (4.10) または (4.12) は z 方向に進む波を表しているが，図 4.2 に示すように，これを平面（x–z 面）で考えると，x 方向では変位が一定である．波の変位 u が最大となる点，あるいは変位が同じ点を連続的に繋いだものを波面という．同じ波面では位相が同じなので，波面は等位相面とも呼ばれる．図 4.2 の例では，波面は平面となるので，この波を平面波と呼ぶ．

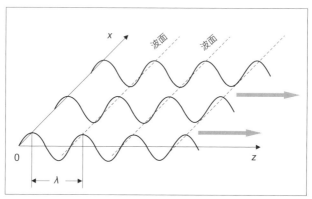

図 4.2　平面波の伝播と波面

次に，3 次元空間を伝播する平面波を考えよう．図 4.3 に示すように，方向ベクトル $\boldsymbol{n}(\cos\alpha, \cos\beta, \cos\gamma)$ に沿って伝播する平面波を考える．ただし，$(\cos\alpha, \cos\beta, \cos\gamma)$ は伝播方向の方向余弦である．この平面と座標原点 O との距離を r_0 とする．この波面上の点を $\boldsymbol{r}(x, y, z)$ すれば，$r_0 = \boldsymbol{n} \cdot \boldsymbol{r}$ である．したがって，この平面波は，

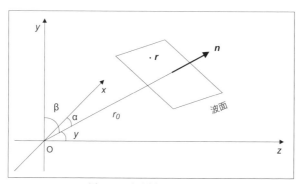

図 4.3　平面波と $\boldsymbol{k}$ ベクトル

$$u(\boldsymbol{r}, t) = A\cos(kr_0 - \omega t)$$

$$= A\cos(k\boldsymbol{n}\cdot\boldsymbol{r} - \omega t)$$

$$= A\cos\left[k(\cos\alpha x + \cos\beta y + \cos\gamma z) - \omega t\right] \tag{4.17}$$

と表すことができる．ここで，$k_x = k\cos\alpha$，$k_y = k\cos\beta$，$k_z = k\cos\gamma$ と定義すれば，3 次元空間を進む平面波は，

$$u(\boldsymbol{r}, t) = A\cos(\boldsymbol{k}\cdot\boldsymbol{r} - \omega t) \tag{4.18}$$

と表すことができる．ただし，$\boldsymbol{k}(k_x, k_y, k_z)$ は波数ベクトルと呼ばれ，波面の進行方向 $\boldsymbol{n}$ を向き，大きさは

$$k = \sqrt{k_x^2 + k_y^2 + k_z^2} \tag{4.19}$$

である．つまり，波数ベクトル $\boldsymbol{k}$ の方向は平面波の進行方向である．

● 球 面 波

点光源からあらゆる方向に波面が球面として広がってゆく波動を球面波という．球面波は原点からの距離 $r = \sqrt{x^2 + y^2 + z^2}$ と時間 t の関数となるので，極座標で表した波動方程式

$$\frac{\partial^2(ru)}{\partial r^2} = \frac{1}{v^2}\frac{\partial^2(ru)}{\partial t^2} \tag{4.20}$$

を解くと，外側に広がる球面波は

$$u(r, t) = \frac{1}{r}f(r - vt) \tag{4.21}$$

原点に収束する球面波は

$$u(r, t) = \frac{1}{r}g(r + vt) \tag{4.22}$$

であることがわかる．

4.3 重ね合わせの原理

2 つの波 $f_1(\boldsymbol{r}, t)$ と $f_2(\boldsymbol{r}, t)$ が同時にある点 $\boldsymbol{r}$ に到達する場合には，その点における変位 $f(\boldsymbol{r}, t)$ は，両者の変位の和になる．ここで，$f_1(\boldsymbol{r}, t)$ と $f_2(\boldsymbol{r}, t)$ は波動方程式 (4.9) を満足するので，

$$\nabla^2 f = \nabla^2(f_1 + f_2) = \nabla^2 f_1 + \nabla^2 f_2 = \frac{\partial^2 f_1}{\partial t^2} + \frac{\partial^2 f_2}{\partial t^2} = \frac{\partial^2(f_1 + f_2)}{\partial t^2} = \frac{\partial^2 f}{\partial t^2} \tag{4.23}$$

が得られる．つまり，$f_1(\boldsymbol{r},t) + f_2(\boldsymbol{r},t)$ は波動であることが証明された．このような性質は，波動方程式 (4.9) が線形であるからである．このように，複数の波動を重ね合わせたものも波動である．これを重ね合わせの原理という．

4.3.1 ビート

振幅は同じだが周波数がわずかに異なり，同じ方向 z に伝播する 2 つの平面波の重ね合わせを考えよう．それぞれの平面波の角周波数と波数をそれぞれ ω_1, ω_2 と k_1, k_2 とすると，重ね合わせ波は，

$$u(z,t) = A\cos(k_1 z - \omega_1 t) + A\cos(k_2 z - \omega_2 t) \tag{4.24}$$

ここで，

$$\frac{k_1 + k_2}{2} = \bar{k}, \qquad \frac{\omega_1 + \omega_2}{2} = \bar{\omega}$$
$$\frac{k_1 - k_2}{2} = \delta k, \qquad \frac{\omega_1 - \omega_2}{2} = \delta\omega \tag{4.25}$$

とすると，

$$u(z,t) = 2A\cos(\bar{k}z - \bar{\omega}t)\cos(\delta k z - \delta\omega t) \tag{4.26}$$

が得られる．

ここで，$\delta k \ll k$, $\delta\omega \ll \omega$ であるから，$\cos(\bar{k}z - \bar{\omega}t)$ の項はほぼ元の波数と角振動数で振動するが，$\cos(\delta k z - \delta\omega t)$ の項は振幅 A を非常にゆっくり変調させている．図 4.4 はこの様子を表している．変調項も波動の形をしており，速度 $v_\mathrm{g} = \delta\omega/\delta k$ で z 方向に移動している．この速度を群速度という．このような波動の塊を波束という．この群速度 v_g は空間的なビートの波束が進む速度である．一般に，群速度 v_g は位相速度 v_p とは異なる．

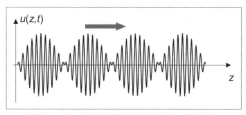

図 4.4　2 つの平面波の重ね合わせ（ビート）

4.3 重ね合わせの原理　　　　103

例題 4.1　ビート

z 方向に進む波数 $k_1 = 5$ と $k_2 = 5.5$, 角振動数 $\omega_1 = 10$ と $\omega_2 = 11$ の振幅 1 の 2 つの波を重ね合わせたビート波のアニメーションを描け. ただし, $z = [0, 50]$ とする.

例題 4.1 のプログラム

```
 1  import numpy as np
 2  import matplotlib.pyplot as plt
 3  from matplotlib import animation
 4
 5  def wave(z, t, k, omega):
 6      return np.cos( k * z - omega * t)
 7
 8  fig, ax = plt.subplots()
 9  anim = []
10
11  k1 = 5
12  k2 = 5.5
13  omega1 = 10
14  omega2 = 11
15
16  z = np.linspace(0, 50, 500)
17  for i in range(100):
18      time = i/10.0
19      u = wave(z, time, k1, omega1) + wave(z, time, k2, omega2) + 2
20      image1 = ax.plot(z, u, color="black")
21      u = wave(z, time, k1, omega1) -2
22      image2 = ax.plot(z, u, color="black")
23      plt.title("Animation of beat ")
24      plt.ylim(-5,5)
25      plt.yticks([])
26      anim.append(image1 + image2)
27
28  ani = animation.ArtistAnimation(fig, anim, interval=100)
29  plt.show()
```

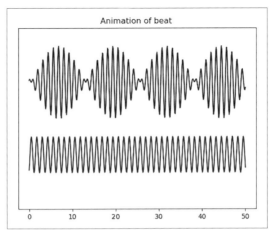

図 4.5 例題 4.1 のプログラムの出力例．アニメーションはプログラムを実行すると表示できる．1 つの波動 (下) とビート波 (上) は右方向に移動していることがわかる．

4.3.2 波　束

波数が k_1 から k_2 まで連続的に分布している場合の重ね合わせ波を考えてみよう．

$$u(z,t) = A \int_{k_1}^{k_2} \cos\left[kz - \omega(k)t\right] dk \tag{4.27}$$

ここで，角周波数 $\omega(k)$ は波数 k の関数であるとしている．δk は非常に小さいとすると，波数はその平均値 $\bar{k}$ の周りに集中している．$\omega(k)$ を $\bar{k}$ の周りで展開すると，

$$\omega(k) \sim \bar{\omega} + \frac{d\omega}{dk}(k - \bar{k}) = \bar{\omega} + v_g(k - \bar{k}) \tag{4.28}$$

のように近似できる．ここで，$v_g = \frac{d\omega}{dk}$ とすると，式 (4.27) は，

$$\begin{aligned}
u(z,t) &= A \int_{k_1}^{k_2} \cos\left[kz - \bar{\omega}t - v_g(k - \bar{k})t\right] dk \\
&= A \int_{k_1}^{k_2} \cos\left[k(z - v_g t) - (\bar{\omega} - v_g \bar{k})t\right] dk \\
&= 2A \frac{\sin\left[\delta k(z - v_g t)\right]}{z - v_g t} \cos(\bar{k}z - \bar{\omega}t)
\end{aligned} \tag{4.29}$$

式 (4.29) の結果は図 4.6 のようになる．局在した波が伝播することがわかる．これを波束という．波束の速度は v_g であることがわかる．1 か所に集中した波が

4.3 重ね合わせの原理

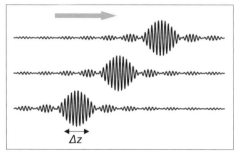

図 4.6 波束の伝播. 時間経過とともに波束は右に移動.

v_g で伝播するのでこれを群速度と呼ぶのである. 群速度は波動のエネルギーが伝わる速度でもある. 一方, 位相速度 $v_p = \omega/k$ は波動の波形が伝わる速度である.

波束の広がり Δz は, $\sin(\Delta kz)/z = 0$ より, $\Delta z = \pi/\delta k = 2\pi/|k_1 - k_2|$ 程度と見積もることができる.

4.3.3 定在波

z 軸方向に進む平面波は式 (4.12) で表される. この波動と逆方向に進む同じ振幅 A, 波数 k と角振動数 ω の波動を重ね合わせた場合を考えよう.

$$A\cos(kz - \omega t + \phi) + A\cos(-kz - \omega t + \phi) = 2A\cos(kz)\cos(\omega t - \phi) \quad (4.30)$$

したがって, 各点 z で $\cos(\omega t - \phi)$ のように正弦的に振幅 A が振動する. 通常の波のように移動しているようには見えない. これを定在波という. $\cos(kz) = \pm 1$ の位置は振幅が最大になっており, この部分を腹という. また, $\cos(kz) = 0$ の

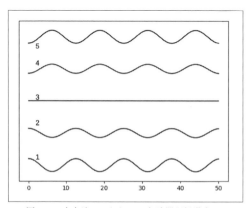

図 4.7 定在波. 1 から 5 へと時間が経過する.

位置は振幅が 0 でこの部分を節という.

4.4 波動の複素表示

正弦的に振動する平面波は, 式 (4.18) のように

$$u(\boldsymbol{r}, t) = A\cos(\boldsymbol{k} \cdot \boldsymbol{r} - \omega t + \phi) \tag{4.31}$$

と表すことができる. オイラーの公式 $\exp(\mathrm{i}\theta) = \cos\theta + \mathrm{i}\sin\theta$ を用いれば,

$$u(\boldsymbol{r}, t) = A\exp\left[\mathrm{i}(\boldsymbol{k} \cdot \boldsymbol{r} - \omega t + \phi)\right] \tag{4.32}$$

と書いて, その実部だけに意味があるとしてもよい. このような記述をすると,

$$u(\boldsymbol{r}, t) = A\exp(\mathrm{i}\boldsymbol{k} \cdot \boldsymbol{r}) \cdot \exp(-\mathrm{i}\omega t) \cdot \exp(\mathrm{i}\phi) \tag{4.33}$$

のように, 空間部分, 時間部分, 初期位相部分が分離できて便利なことが多い. 複素表示された波動 $u(\boldsymbol{r}, t)$ を単に複素振幅と呼ぶことがある.

複素振幅を用いて, 波動の和, 差, 積分などの線形な演算を行う場合には, 複素表示のままで線形演算を実行して最終的な結果の実部をとることにより, 物理的に意味がある結果を得ることができる.

4.5 波動のエネルギー

波動の強度は, 伝播方向に垂直な単位面積を単位時間に横切るエネルギーと定義される. 波動のエネルギーはその変位の 2 乗に比例する. 光の波動の場合には, その振動の周期が 10^{-15}s ときわめて短いので, 単位時間で平均したエネルギーを考える. 波動の複素表示を用いている場合には, 変位の実部を求めこれの 2 乗を計算することになる. これは甚だ不便であるが, 5.2.1 項で述べるように, 変位 u の絶対値の 2 乗 $|u|^2$ を求めることでも正しい強度が計算できることに注意しよう.

4.6 ヘルムホルツの方程式

複素表示された波動 $u(\boldsymbol{r}, t)$ を空間の項と時間の項に分けて, $u(\boldsymbol{r}, t) = \mathcal{U}(\boldsymbol{r}) \cdot$

$\exp(-\mathrm{i}\omega t)$ と書くことにする．ただし，

$$\mathcal{U}(\boldsymbol{r}) = A\exp(\mathrm{i}\boldsymbol{k}\cdot\boldsymbol{r} + \phi) \tag{4.34}$$

波動方程式 (4.7) に代入すると，

$$\frac{\partial^2 \mathcal{U}(\boldsymbol{r})}{\partial x^2} + \frac{\partial^2 \mathcal{U}(\boldsymbol{r})}{\partial y^2} + \frac{\partial^2 \mathcal{U}(\boldsymbol{r})}{\partial z^2} + k^2\mathcal{U}(\boldsymbol{r}) = 0 \tag{4.35}$$

あるいは，

$$(\nabla^2 + k^2)\mathcal{U} = 0 \tag{4.36}$$

が得られる．これをヘルムホルツ方程式という．波動の空間成分が満たすべき方程式である．

5 | 波 動 光 学

　電磁波としての光波を考えるために，本章では，電気と磁気の現象を定式化したマックスウエルの方程式を出発点とする．電磁波の伝播を記述する波動方程式を用いてさまざまな光学現象を説明する．幾何光学では説明できなかった透過率や反射率，あるいは，波動特有の現象である，干渉，回折についても解説する．

5.1　マックスウエルの方程式と波動方程式

　マックスウエルが電気と磁気に関する法則を次の4つの方程式にまとめた．本書では，光学現象を扱うので，媒質中には電荷も電流も存在しないとした．電場を E，磁場を H，電束密度を D，磁束密度を B とすると，マックスウエルの方程式は，

$$\mathrm{rot}\,\boldsymbol{E} = -\frac{\partial \boldsymbol{B}}{\partial t} \tag{5.1}$$

$$\mathrm{rot}\,\boldsymbol{H} = \frac{\partial \boldsymbol{D}}{\partial t} \tag{5.2}$$

$$\mathrm{div}\,\boldsymbol{D} = 0 \tag{5.3}$$

$$\mathrm{div}\,\boldsymbol{B} = 0 \tag{5.4}$$

で与えられる．式 (5.1) はファラデーの電磁誘導の法則で，磁束密度の変化があるとその方向の周りに電場の渦が発生することを示す．式 (5.2) はアンペールの法則を拡張して電束密度の変化が磁場の渦を発生させるというアンペール・マックスウエルの法則である．式 (5.3) は，空間電荷が無いと電束密度の湧き出しも吸い込みも無いことを示す．式 (5.4) は，磁束密度の湧き出しも吸い込みも無いことを示す．

　媒質に関して，

$$\boldsymbol{D} = \epsilon \boldsymbol{E} \tag{5.5}$$

$$B = \mu H \tag{5.6}$$

の関係がある. ただし, 誘電率を ϵ, 透磁率を μ とする. 真空中では, 誘電率は ϵ_0, 透磁率は μ_0 である. さらに, 電気分極を P とすると,

$$D = \epsilon_0 E + P \tag{5.7}$$

の関係がある.

電磁気学においては, 電場 E と磁場 H を対応させて議論する考え方と電場 E と磁束密度 B を対応させて議論する考え方がある. 前者では, 磁気モノポールが存在することを仮定しており, E と H の美しい対応関係がある. 一方, 後者は, 磁場は電流からのみ発生するとの立場を取る. 本書では, 後者の立場をとる. この立場の教科書の多くでは B のことを磁場と呼んでいる. 以下本書でも, H と誤解がない限り, B を磁場と呼ぶことにする.

さて, ここで透明で均質な媒質を考えよう. 式 (5.2) を時間微分して, 式 (5.1) を代入するなどして, 計算を進めると,

$$\nabla^2 E = \epsilon\mu \frac{\partial^2 E}{\partial t^2} \tag{5.8}$$

が得られる. この式は, 電場 E に対する波動方程式である. また, 磁場 B に関しても,

$$\nabla^2 B = \epsilon\mu \frac{\partial^2 B}{\partial t^2} \tag{5.9}$$

が得られる.

波動方程式 (4.9) と比較すると, 電場と磁場の速度は

$$v = \frac{1}{\sqrt{\epsilon\mu}} \tag{5.10}$$

であることがわかる. 真空中では $c = 1/\sqrt{\epsilon_0\mu_0}$ である. この速度 c は, 実験的に求められた真空中の光速度と一致した. この事実から, 光は電場と磁場の振動つまり電磁波であると考えられる.

式 (4.32) から, 波動方程式 (5.8) と (5.9) の解として, それぞれ,

$$E(r,t) = E_0 \exp\left[\mathrm{i}(k \cdot r - \omega t)\right] \tag{5.11}$$

$$B(r,t) = B_0 \exp\left[\mathrm{i}(k \cdot r - \omega t)\right] \tag{5.12}$$

が得られる. ここで, E_0, B_0 は振幅を表すベクトルで, r, k, ω はそれぞれ, 位置ベクトルと波数ベクトル, 角周波数である.

5.1.1 横　　波

式 (5.11), 式 (5.12) を, マックスウエルの方程式 (5.1)〜(5.4) に代入すると,

$$\bm{k} \times \bm{E} = \omega \bm{B} \tag{5.13}$$

$$\bm{k} \times \bm{B} = -\omega\epsilon\mu \bm{E} \tag{5.14}$$

$$\bm{k} \cdot \bm{E} = 0 \tag{5.15}$$

$$\bm{k} \cdot \bm{B} = 0 \tag{5.16}$$

が得られる. 式 (5.15) と式 (5.16) より $\bm{E}$ と $\bm{B}$ は $\bm{k}$ と直交していることがわかる. すなわち, 光の進行方向と振動方向は直交しているので, 光は横波である. また, $\bm{E} \cdot \bm{B} = 0$ も導けるので, 電場と磁場の振動方向は互いに直交している.

5.1.2 ベクトル波とスカラー波

光波は式 (5.11) と式 (5.12) で示されるように, ベクトルで表される電場 $\bm{E}$ と磁場 $\bm{B}$ の振動である. これをベクトル波という. これに対して, 振動の方向を考える必要がない場合には, 波動は $u(\bm{r}, t) = A \exp[i(\bm{k} \cdot \bm{r} - \omega t)]$ のように記述することができる. これをスカラー波という.

ベクトル波において, 振動の方向が規則的な場合に, この光波は偏光しているという. 振動の方向が時間とともに変化していてもよい. 図 5.1 に電場ベクトルが x 軸方向に偏光している電磁波が z 方向に伝播する様子を示す.

式 (5.13) の両辺の絶対値を取ると,

$$|\bm{E}| = \frac{\omega}{|\bm{k}|}|\bm{B}| = v|\bm{B}| \tag{5.17}$$

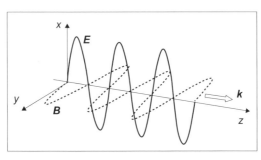

図 5.1　z 軸方向に伝播する電磁波. 電場が x 方向に偏光している. このとき, 磁場の振動は y 方向を示す.

媒質が真空であると,

$$|\boldsymbol{E}| = c|\boldsymbol{B}| \tag{5.18}$$

が得られる.したがって,電場の振動と磁場の振動は同じ位相で $\boldsymbol{k}$ 方向に伝播することがわかる.

このように,光は電場と磁場の振動が一対の波として伝わる現象である.通常は,電場の振動面を光の振動面とする.したがって,偏光の振動面は電場の振動面である.スカラー波の振幅も電場の振幅とする.

5.2 電磁波のエネルギー

波動のエネルギーは 4.5 節で示されたように,波動の振幅の 2 乗に比例する.ここでは,電磁波のエネルギーについて考える.まず,電場 E が空間に蓄えるエネルギーを考えよう.電気容量が C のコンデンサーに蓄えられるエネルギー密度は,

$$u_E = \frac{CV^2/2}{Ad} = \frac{\frac{1}{2}\frac{\epsilon_0 A}{d}(Ed)^2}{Ad} = \frac{\epsilon_0}{2}E^2 \tag{5.19}$$

で与えられる.ただし,コンデンサーには,面積 A の平行平面板が間隔 d で置かれ,電圧 V が印加されているとする.コンデンサーの電気容量が $C = \epsilon_0 A/d$ であることに注意.

同様に,磁場 B が空間に蓄えることができるエネルギー密度は,長さ l,断面積 A のソレノイドコイルに電流 i が流れたときのインダクタンスは $L = \mu_0 n^2 l A$,磁場は $B = \mu_0 n i$ であるので,

$$u_B = \frac{Li^2/2}{Al} = \frac{(\mu_0 n^2 l A/2)\left(\frac{B}{\mu_0 n}\right)^2}{Al} = \frac{B^2}{2\mu_0} \tag{5.20}$$

ただし,n はコイルの巻数である.

したがって,電磁波のエネルギー密度は,

$$u = u_E + u_B \tag{5.21}$$

式 (5.19) を使うと,

$$u_B = \frac{B^2}{2\mu_0} = \frac{(E/c)^2}{2\mu_0} = \frac{\epsilon_0 \mu_0 E^2}{2\mu_0} = u_E \tag{5.22}$$

つまり,電磁波の電場と磁場がになうエネルギーは等しいので,

$$u = \epsilon_0 E^2 = \frac{B^2}{\mu_0} \tag{5.23}$$

● ポインティングベクトル

式 (5.21) は電磁波の存在する空間の単位体積当たりのエネルギーである．電磁波は伝播するので，エネルギー流量（エネルギーフラックス）がより重要である．ある短い時間 Δt に光は $c\Delta t$ 進む．単位時間に断面積 A の領域を通過するエネルギー流量 S は，

$$S = \frac{u(c\Delta t A)}{\Delta t A} = cu \tag{5.24}$$

式 (5.23) を用いると，

$$S = c(\epsilon_0 E^2) = c\epsilon_0 E(cB) = \epsilon_0 \frac{1}{\epsilon_0 \mu_0} EB = \frac{1}{\mu_0} EB \tag{5.25}$$

ここで，$\boldsymbol{E} \times \boldsymbol{B}$ はエネルギー流の方向を示すことに注意すると，エネルギー流量のベクトルは，

$$\boldsymbol{S} = \frac{1}{\mu_0} \boldsymbol{E} \times \boldsymbol{B} \tag{5.26}$$

$\boldsymbol{S}$ はポインティングベクトルと呼ばれる．単位は，$\mathrm{W/m}^2$ である．

5.2.1 光の強度

可視光の周波数は $10^{14}\mathrm{Hz}$ ときわめて高く，ポインティングベクトル $\boldsymbol{S}$ を直接検出することはできない．ポインティングベクトル $\boldsymbol{S}$ の時間平均を光の強度（irradiance）という．ここで，正弦波の強度を計算してみよう．式 (5.11) と (5.12) の実部は，

$$\boldsymbol{E}(\boldsymbol{r}, t) = \boldsymbol{E_0} \cos(\boldsymbol{k} \cdot \boldsymbol{r} - \omega t) \tag{5.27}$$

$$\boldsymbol{B}(\boldsymbol{r}, t) = \boldsymbol{B_0} \cos(\boldsymbol{k} \cdot \boldsymbol{r} - \omega t) \tag{5.28}$$

ポインティングベクトルは，真空中では，

$$\boldsymbol{S} = \frac{1}{\mu_0} \boldsymbol{E_0} \times \boldsymbol{B_0} \cos^2(\boldsymbol{k} \cdot \boldsymbol{r} - \omega t) \tag{5.29}$$

強度 I はポインティングベクトル $\boldsymbol{S}$ の絶対値の時間平均で与えられる．

$$I = \langle |\boldsymbol{S}| \rangle = \frac{1}{\mu_0} |\boldsymbol{E_0} \times \boldsymbol{B_0}| \langle \cos^2(\boldsymbol{k} \cdot \boldsymbol{r} - \omega t) \rangle \tag{5.30}$$

ただし，$\langle \cdots \rangle$ は時間平均を表す．$\boldsymbol{E}_0$ と $\boldsymbol{B}_0$ は直交しているので，

$$\frac{1}{\mu_0} |\boldsymbol{E_0} \times \boldsymbol{B_0}| = \frac{1}{\mu_0} E_0 B_0 = \epsilon_0 c E_0^2 \tag{5.31}$$

である．$\langle \cos^2(\boldsymbol{k}\cdot\boldsymbol{r}-\omega t)\rangle = 1/2$ であるので，

$$I = \langle |\boldsymbol{S}| \rangle = \frac{\epsilon_0 c}{2} E_0^2 \tag{5.32}$$

が得られる．均質な媒質中では，

$$I = \frac{\epsilon v}{2} E_0^2 \tag{5.33}$$

である．電磁波においても，その強度は波動の振幅の 2 乗に比例することがわかる．

5.3 境界面における光波の反射と透過

5.3.1 電場と磁場の境界条件

境界面における反射と屈折係数を求めるために，まず，電場と磁場に対する境界条件を求める．

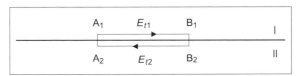

図 5.2 電場 $\boldsymbol{E}$ の境界条件

図 5.2 に示すように，誘電率と透磁率がそれぞれ ϵ_1, ϵ_2 と μ_1, μ_2 の媒質 I と II が接しているとする．境界面を横切る微小な長方形 $A_1 B_1 B_2 A_2$ を考える．式 (5.1) をこの長方形で積分すると，

$$\iint_S \mathrm{rot}\,\boldsymbol{E}\,\mathrm{d}S = -\iint_S \frac{\partial \boldsymbol{B}}{\partial t}\,\mathrm{d}S \tag{5.34}$$

が得られ，ストークスの定理[*1)]を用いると，

$$\oint_C \boldsymbol{E}\cdot\mathrm{d}\boldsymbol{s} = -\iint_S \frac{\partial \boldsymbol{B}}{\partial t}\,\mathrm{d}S \tag{5.35}$$

左辺の積分は，$A_1 B_1$ と $A_2 B_2$ に沿った $\boldsymbol{E}$ の接線成分 E_{t1} と E_{t2} を用いると，

[*1)] 閉曲面 S の境界を成す曲線を C とし，その接線方向にとった線素片を $\mathrm{d}\boldsymbol{s}$ とすると，

$$\iint_S \mathrm{rot}\,\boldsymbol{A}\,\mathrm{d}S = \oint_C \boldsymbol{A}\cdot\mathrm{d}\boldsymbol{s}$$

この式をストークスの定理という．

A_1A_2 と B_1B_2 は十分小さく,この長方形の面積は0とみなせる場合には,

$$E_{t1}\overrightarrow{A_1B_1} + E_{t2}\overrightarrow{B_2A_2} = 0 \tag{5.36}$$

ただし,$\overrightarrow{A_1B_1} = -\overrightarrow{B_2A_2}$ であるので,

$$E_{t1} = E_{t2} \tag{5.37}$$

同様に,

$$B_{t1} = B_{t2} \tag{5.38}$$

が得られる.つまり,境界面において,電場と磁場の接線成分は連続である.

5.3.2　境界面における電磁波

図 5.3 に示すように,均質な媒質 I と II が平面で接している境界面に光波が入射する場合を考えよう.入射側の媒質 I の屈折率を n_i とする.入射した光は境界面で,反射あるいは屈折する.屈折光側の媒質 II の屈折率を n_t とする.境界面を xy 面とし,z 軸は境界面に垂直である.入射波 $\boldsymbol{E}_i$,反射波 $\boldsymbol{E}_r$,屈折波 $\boldsymbol{E}_t$ を,それぞれ,

$$\boldsymbol{E}_i(\boldsymbol{r},t) = \boldsymbol{E}_{0i}\exp[i(\boldsymbol{k}_i\cdot\boldsymbol{r} - \omega_i t)] \tag{5.39}$$

$$\boldsymbol{E}_r(\boldsymbol{r},t) = \boldsymbol{E}_{0r}\exp[i(\boldsymbol{k}_r\cdot\boldsymbol{r} - \omega_r t)] \tag{5.40}$$

$$\boldsymbol{E}_t(\boldsymbol{r},t) = \boldsymbol{E}_{0t}\exp[i(\boldsymbol{k}_t\cdot\boldsymbol{r} - \omega_t t)] \tag{5.41}$$

とする.ただし,各波の振幅と波数ベクトルを,それぞれ,$\boldsymbol{E}_{0i}$,$\boldsymbol{E}_{0r}$,$\boldsymbol{E}_{0t}$,$\boldsymbol{k}_i$,

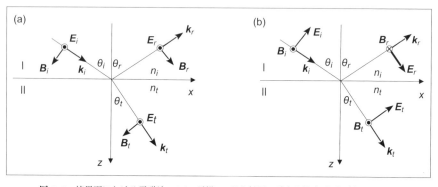

図 5.3　境界面における電磁波.(a):電場 $\boldsymbol{E}$ が入射面に垂直な場合(s 偏光).(b):磁場 $\boldsymbol{B}$ が入射面に垂直な場合(p 偏光).

$\boldsymbol{k}_\mathrm{r}$, $\boldsymbol{k}_\mathrm{t}$ とする.

ここで境界面において電磁波に要求される条件を考えてみよう. 電磁気学によれば, 電場ベクトル $\boldsymbol{E}$ と磁場ベクトル $\boldsymbol{B}$ の境界面に平行な成分は連続である. また, 境界面においては, 時間 t と空間 $\boldsymbol{r}$ に対しては同じ関数になる. したがって,

$$\omega_\mathrm{i} = \omega_\mathrm{r} = \omega_\mathrm{t} \tag{5.42}$$

である. また, 位相は等しくなるので,

$$\boldsymbol{k}_\mathrm{i} \cdot \boldsymbol{r} = \boldsymbol{k}_\mathrm{r} \cdot \boldsymbol{r} = \boldsymbol{k}_\mathrm{t} \cdot \boldsymbol{r} \tag{5.43}$$

このことから $\boldsymbol{k}_\mathrm{i}$, $\boldsymbol{k}_\mathrm{r}$, $\boldsymbol{k}_\mathrm{t}$ は同一平面内にあることがわかる. この面を入射面という. 今, 入射面内で境界面上に座標の原点をとると,

$$\boldsymbol{k}_\mathrm{i} \cdot \boldsymbol{r} = r k_\mathrm{i} \sin \theta_\mathrm{i} \tag{5.44}$$

$$\boldsymbol{k}_\mathrm{r} \cdot \boldsymbol{r} = r k_\mathrm{r} \sin \theta_\mathrm{r} \tag{5.45}$$

$$\boldsymbol{k}_\mathrm{t} \cdot \boldsymbol{r} = r k_\mathrm{t} \sin \theta_\mathrm{t} \tag{5.46}$$

が得られる. 入射波と反射波は同じ媒質を進むので, $k_\mathrm{i} = k_\mathrm{r}$ であるから, 式 (5.43) より,

$$\sin \theta_\mathrm{i} = \sin \theta_\mathrm{r} \tag{5.47}$$

したがって,

$$\theta_\mathrm{i} = \theta_\mathrm{r} \tag{5.48}$$

これは反射の法則である. 式 (5.43), (5.44), (5.46) より,

$$k_\mathrm{i} \sin \theta_\mathrm{i} = k_\mathrm{t} \sin \theta_\mathrm{t} \tag{5.49}$$

$k = 2\pi n / \lambda_0$ であるので,

$$n_\mathrm{i} \sin \theta_\mathrm{i} = n_\mathrm{t} \sin \theta_\mathrm{t} \tag{5.50}$$

が得られる. これは, スネルの法則である.

これで入射波に対して, 反射波と屈折波の進む方向が決まった. 次に問題となるのは, 式 (5.39), (5.40), (5.41) の $\boldsymbol{E}_{0\mathrm{i}}$, $\boldsymbol{E}_{0\mathrm{r}}$, $\boldsymbol{E}_{0\mathrm{t}}$ である.

5.3.3 フレネルの反射・透過係数

図 5.3 の座標系において. xy 面を媒質 I と II の境界面, その垂線を z 軸とする. 光の入射面は xz 面である. 入射角, 反射角, 屈折角をそれぞれ, θ_i, θ_r, θ_t とする. 入射波の電場ベクトルは入射面に垂直な場合 (s 偏光という) と平行な場合 (p 偏光) に分けられる.

● s 偏 光

まず，図 5.3(a) のように入射波の電場ベクトルが入射面 xy に垂直な場合を考えよう．境界条件 (5.37) より，媒質 I と媒質 II の電場の接線成分は連続であるので，

$$E_{0i} + E_{0r} = E_{0t} \tag{5.51}$$

磁場ベクトルに関しても，境界条件 (5.38) より，媒質 I と媒質 II で接線成分は連続である．図 5.3(a) から，

$$-B_{0i} \cos\theta_i + B_{0r} \cos\theta_i = -B_{0t} \cos\theta_t \tag{5.52}$$

式 (5.18) と $c = nv$ より，

$$B = \frac{E}{v} = \frac{n}{c}E \tag{5.53}$$

であるので，

$$n_i(E_{0i} - E_{0r}) \cos\theta_i = n_t E_{0t} \cos\theta_t \tag{5.54}$$

が得られる．式 (5.51) と (5.54) から，

$$r_s = \frac{E_{0r}}{E_{0i}} = \frac{n_i \cos\theta_i - n_t \cos\theta_t}{n_i \cos\theta_i + n_t \cos\theta_t} \tag{5.55}$$

$$t_s = \frac{E_{0t}}{E_{0i}} = \frac{2n_i \cos\theta_i}{n_i \cos\theta_i + n_t \cos\theta_t} \tag{5.56}$$

スネルの法則 (5.50) を用いると，

$$r_s = -\frac{\sin(\theta_i - \theta_t)}{\sin(\theta_i + \theta_t)} \tag{5.57}$$

$$t_s = \frac{2\sin\theta_t \cos\theta_i}{\sin(\theta_i + \theta_t)} \tag{5.58}$$

● p 偏 光

次に，図 5.3(b) のように入射波の電場ベクトルが入射面 xz 内にある場合を考えよう．電場ベクトルの方向は図 5.3(a) と同じように全て同じ x 軸の方向に取る．境界条件 (5.37) より，

$$E_{0i} \cos\theta_i + E_{0r} \cos\theta_i = E_{0t} \cos\theta_t \tag{5.59}$$

磁場ベクトルに関しても，境界条件 (5.38) より，

$$B_{0i} - B_{0r} = B_{0t} \tag{5.60}$$

5.3 境界面における光波の反射と透過 117

式 (5.53) を用いると,

$$n_i E_{0i} - n_i E_{0r} = n_t E_{0t} \tag{5.61}$$

式 (5.59) と (5.61) から,

$$r_p = \frac{E_{0r}}{E_{0i}} = \frac{n_i \cos\theta_t - n_t \cos\theta_i}{n_i \cos\theta_t + n_t \cos\theta_i} \tag{5.62}$$

$$t_p = \frac{E_{0t}}{E_{0i}} = \frac{2 n_i \cos\theta_i}{n_i \cos\theta_t + n_t \cos\theta_i} \tag{5.63}$$

スネルの法則 (5.50) を用いると,

$$r_p = -\frac{\tan(\theta_i - \theta_t)}{\tan(\theta_i + \theta_t)} \tag{5.64}$$

$$t_p = \frac{2 \sin\theta_t \cos\theta_i}{\sin(\theta_i + \theta_t) \cos(\theta_i - \theta_t)} \tag{5.65}$$

式 (5.55), (5.56), (5.62), (5.63) を合わせて, フレネルの反射・透過係数という.

例題 5.1　フレネル係数

空気 ($n_i = 1$) からガラス ($n_t = 1.5$) に光が入射する場合のフレネル反射・透過係数を入射角 θ_i に対してプロットせよ.

スネルの法則から,

$$\cos\theta_t = \sqrt{1 - \left(\frac{n_i}{n_t}\sin\theta_i\right)^2} \tag{5.66}$$

が得られ, フレネルの反射・透過係数に代入すると,

$$r_s = \frac{n_i \cos\theta_i - n_t \sqrt{1 - \left(\frac{n_i}{n_t}\sin\theta_i\right)^2}}{n_i \cos\theta_i + n_t \sqrt{1 - \left(\frac{n_i}{n_t}\sin\theta_i\right)^2}} \tag{5.67}$$

$$t_s = \frac{2 n_i \cos\theta_i}{n_i \cos\theta_i + n_t \sqrt{1 - \left(\frac{n_i}{n_t}\sin\theta_i\right)^2}} \tag{5.68}$$

$$r_p = \frac{n_i \sqrt{1 - \left(\frac{n_i}{n_t}\sin\theta_i\right)^2} - n_t \cos\theta_i}{n_t \cos\theta_i + n_i \sqrt{1 - \left(\frac{n_i}{n_t}\sin\theta_i\right)^2}} \tag{5.69}$$

$$t_{\mathrm{p}} = \frac{2n_{\mathrm{i}}\cos\theta_{\mathrm{i}}}{n_{\mathrm{i}}\sqrt{1 - \left(\frac{n_{\mathrm{i}}}{n_{\mathrm{t}}}\sin\theta_{\mathrm{i}}\right)^2} + n_{\mathrm{t}}\cos\theta_{\mathrm{i}}} \tag{5.70}$$

が得られる.

例題 5.1 のプログラム

```
1   import numpy as np
2   import matplotlib.pyplot as plt
3
4   def rs(theta, ni, nt):
5       costheta = np.sqrt(1 - (ni * np.sin(theta) / nt)**2)
6       return (ni * np.cos(theta) - nt * costheta) \
7       / (ni * np.cos(theta) + nt * costheta)
8
9   def ts(theta, ni, nt):
10      costheta = np.sqrt(1 - (ni * np.sin(theta) / nt)**2)
11      return (2 * ni * np.cos(theta) ) \
12      / (ni * np.cos(theta) + nt * costheta)
13
14  def rp(theta, ni, nt):
15      costheta = np.sqrt(1 - (ni * np.sin(theta) / nt)**2)
16      return (ni * costheta - nt * np.cos(theta)) \
17      / (ni * costheta + nt * np.cos(theta))
18
19  def tp(theta, ni, nt):
20      costheta = np.sqrt(1 - (ni * np.sin(theta) / nt)**2)
21      return (2 * ni * np.cos(theta)) \
22      / (ni * costheta + nt * np.cos(theta))
23
24  ni = 1
25  nt = 1.5
26
27  theta = np.linspace(0,np.pi/2, 101)
28
29  fig, ax = plt.subplots()
30
31  ax.plot(np.degrees(theta), rs(theta, ni, nt), "-k",  label="r_s")
32  ax.plot(np.degrees(theta), ts(theta, ni, nt), "-.k", label="t_s")
33  ax.plot(np.degrees(theta), rp(theta, ni, nt), "--k", label="r_p")
34  ax.plot(np.degrees(theta), tp(theta, ni, nt), ":k", label="t_p")
35  ax.set_xticks([0, 10, 20, 30, 40, 50, 60, 70, 80, 90])
36  ax.set_yticks([-1.0, -0.5, 0, 0.5, 1.0])
```

```
37  ax.set_xlabel("Incident angle: $\u03b8_i$")
38  ax.set_ylabel("Fresnel coefficints")
39  ax.grid()
40  ax.legend(loc="lower left")
41  fig.savefig("fresnel_coeffs.png")
```

出力を図 5.4 に示す.

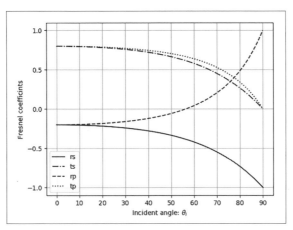

図 5.4 フレネルの反射・透過係数. 例題 5.1 のプログラムの出力例. ただし, $n_\mathrm{i} = 1.0$, $n_\mathrm{t} = 1.5$.

5.3.4 垂直入射のフレネル係数

光が境界面に垂直に入射した場合には, s 偏光と p 偏光の区別はなくなり, フレネル反射係数 r_s と r_p, 透過係数 t_s と t_p は等しくなる. すなわち,

$$r = r_\mathrm{s} = r_\mathrm{p} = \frac{n_\mathrm{i} - n_\mathrm{t}}{n_\mathrm{i} + n_\mathrm{t}} \tag{5.71}$$

$$t = t_\mathrm{s} = t_\mathrm{p} = \frac{2n_\mathrm{i}}{n_\mathrm{i} + n_\mathrm{t}} \tag{5.72}$$

反射係数について, $n_\mathrm{i} < n_\mathrm{t}$ の場合には $r < 0$, つまり反射波の位相が入射波に対して π 変化することに注意せよ.

この π の位相変化は, 必ずしも垂直入射の場合に限るわけではない. 入射角が約 50 度近くまで起こる.

5.3.5 ブリュスター角

図 5.4 を見ると，p 偏光に対するフレネルの反射係数 r_p が 0 になる入射角 θ_i があることがわかる．その条件は，式 (5.64) より，

$$\tan(\theta_\mathrm{i} + \theta_\mathrm{t}) = \infty \tag{5.73}$$

すなわち，

$$\theta_\mathrm{i} + \theta_\mathrm{t} = \frac{\pi}{2} \tag{5.74}$$

このときの入射角 θ_i は，スネルの法則を用いて，

$$n_\mathrm{i} \sin\theta_\mathrm{i} = n_\mathrm{t} \sin\left(\frac{\pi}{2} - \theta_\mathrm{i}\right) = n_\mathrm{t} \cos\theta_\mathrm{i} \tag{5.75}$$

すなわち，

$$\tan\theta_\mathrm{B} = \frac{n_\mathrm{t}}{n_\mathrm{i}} \tag{5.76}$$

ここで θ_B はブリュスター角と呼ばれている．すなわち，入射角がブリュスター角のとき，反射光は s 偏光である．空気から水面（$n_\mathrm{t} = 1.33$）に光が入射する場合のブリュスター角は 53.1 度，ガラス面（$n_\mathrm{t} = 1.5$）の場合には 56.3 度である．

5.3.6 全 反 射

屈折率が大きい媒質から小さい媒質に入射するとき，すなわち，$n_\mathrm{i} > n_\mathrm{t}$ の場合，入射角 θ_i が大きくなっていくと，屈折角 θ_t も大きくなり，$\pi/2$ に等しくなる．このときの入射角を臨界角 θ_c という．

$$\sin\theta_\mathrm{c} = \frac{n_\mathrm{t}}{n_\mathrm{i}} \tag{5.77}$$

入射角が臨界角を超えると $\sin\theta_\mathrm{t} > 1$ となり，スネルの法則が破綻してしまう．つまり，臨界角より大きい入射角に対する屈折角は $\pi/2$ を超えることはなく $\theta_\mathrm{t} = \pi/2$ である．これは屈折は起こらないことを意味し，入射光は全て反射する．これを全反射という．

s 偏光に対するフレネルの反射係数は，式 (5.55) より，

$$r_\mathrm{s} = \frac{\frac{n_\mathrm{i}}{n_\mathrm{t}} \cos\theta_\mathrm{i} - \cos\theta_\mathrm{t}}{\frac{n_\mathrm{i}}{n_\mathrm{t}} \cos\theta_\mathrm{i} + \cos\theta_\mathrm{t}} \tag{5.78}$$

スネルの法則 (5.50) から，

$$\cos\theta_\mathrm{t} = \sqrt{1 - \sin^2\theta_\mathrm{t}} = \sqrt{1 - \left(\frac{n_\mathrm{i}}{n_\mathrm{t}} \sin\theta_\mathrm{i}\right)^2} \tag{5.79}$$

ここで，$\theta_i > \theta_t$ の場合，$\cos\theta_t$ は虚数になるので，

$$\cos\theta_t = \sqrt{1 - \sin^2\theta_t} = i\sqrt{\left(\frac{n_i}{n_t}\sin\theta_i\right)^2 - 1} \tag{5.80}$$

つまり，θ_t は実数としては存在できず，屈折光はなくなる．全反射である．エネルギーの損失なく反射する．このとき，

$$r_s = \frac{\frac{n_i}{n_t}\cos\theta_i - i\sqrt{\left(\frac{n_i}{n_t}\sin\theta_i\right)^2 - 1}}{\frac{n_i}{n_t}\cos\theta_i + i\sqrt{\left(\frac{n_i}{n_t}\sin\theta_i\right)^2 - 1}} \tag{5.81}$$

ここで，$|r_s|^2 = 1$ であることに注意しよう．したがって，$r_s = \exp(-i\phi_s)$ とおくことができる．次に，$z = \frac{n_i}{n_t}\cos\theta_i + i\sqrt{\left(\frac{n_i}{n_t}\sin\theta_i\right)^2 - 1} = |z|\exp(i\psi)$ とおくと，

$$r_s = \frac{z^*}{z} = \frac{(z^*)^2}{|z|^2} = \frac{\left(|z|e^{-i\psi}\right)^2}{|z|^2} = \exp(-i2\psi) \tag{5.82}$$

したがって，

$$\phi_s = 2\psi = 2\tan^{-1}\left(\frac{\mathrm{Im}[z]}{\mathrm{Re}[z]}\right)$$

$$= 2\tan^{-1}\left[\frac{\sqrt{\left(\frac{n_i}{n_t}\sin\theta_i\right)^2 - 1}}{\frac{n_i}{n_t}\cos\theta_i}\right] = 2\tan^{-1}\left[\frac{n_t}{n_i}\frac{\sqrt{\left(\frac{n_i}{n_t}\sin\theta_i\right)^2 - 1}}{\cos\theta_i}\right] \tag{5.83}$$

同様の計算で，

$$\phi_p = 2\tan^{-1}\left[\frac{n_i}{n_t}\frac{\sqrt{\left(\frac{n_i}{n_t}\sin\theta_i\right)^2 - 1}}{\cos\theta_i}\right] \tag{5.84}$$

結論として，入射角が $\theta_i > \theta_c$ の場合には全反射が起こる．このときの反射光の位相は，s 偏光と p 偏光では異なる．その位相差 δ は，

$$\delta = \phi_p - \phi_s = 2\tan^{-1}\left[\frac{n_t}{n_i}\frac{\cos\theta_i\sqrt{\left(\frac{n_i}{n_t}\sin\theta_i\right)^2 - 1}}{\sin^2\theta_i}\right] \tag{5.85}$$

で与えられる [2)]．図 5.5 に全反射の場合の反射光の位相 ϕ_s と ϕ_p の進みおよび

[2)] $\tan(\delta/2) = \tan(\phi_p/2 - \phi_s/2) = [\tan(\phi_p/2) - \tan(\phi_s/2)]/[1 + \tan(\phi_p/2)\tan(\phi_s/2)]$ の関係から導ける．

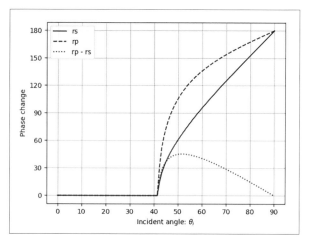

図 5.5 全反射における反射光の位相 ϕ_s と ϕ_p の進みおよび位相差 $\delta = \phi_\mathrm{p} - \phi_\mathrm{s}$.
$n_\mathrm{i} = 1.5$, $n_\mathrm{t} = 1.0$.

位相差 $\delta = \phi_\mathrm{p} - \phi_\mathrm{s}$ を示す.

全反射における s 偏光と p 偏光の反射光の位相差を用いた偏光素子として,フレネルの斜方体がある.この素子は 7.2 節で述べる 1/4 波長板として利用される.

5.3.7 ストークスの関係

ここで,ストークスが導いた振幅反射率と振幅透過率の関係式を導こう.図 5.6(a) に示すように,媒質 I から II に振幅が a の平面波が入射する場合を考えよう.このときの反射率と透過率を r と t とする.逆に,媒質 II から I に進むときの反射率と透過率を r' と t' とする.点 A から出た光線が点 O で屈折し点 B に進み,反射した光は点 C に進むとする.透過波の振幅は at,反射波の振幅は ar

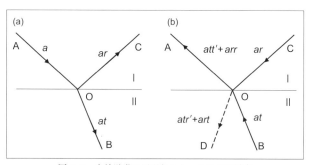

図 5.6 光線逆進の原理とストークスの関係式

である．図 5.6(b) において，3.3 節で述べた光線逆進の原理を用いると，点 B から点 O に逆進させた光は屈折して点 A に向かう．このとき，点 O で反射する成分もあり点 D 方向に進む．両者の振幅は，att'，atr' である．一方，点 C から点 O に逆進させた光は点 A の方向に進む成分と点 D に進む光に分かれる．両者の振幅は arr と art である．結局，OA 方向に進む光の振幅は $att' + ar^2$ であり，OD 方向に進む光の振幅は $atr' + art$ である．前者は，光線逆進の原理から，はじめに点 A から点 O に進んだ光の振幅 a に等しく，OD 方向に進む光は存在しないので，後者は 0 である．すなわち，

$$att' + ar^2 = a, \quad atr' + art = 0 \tag{5.86}$$

よって，

$$r^2 + tt' = 1, \quad r = -r' \tag{5.87}$$

これをストークスの関係式という．

ここで注意すべきは，振幅の 2 乗が強度であるので，境界面で吸収が無ければエネルギー保存則から，$r^2 + t^2 = 1$ としてはいけない点である．光波のエネルギーは媒質の屈折率にも関係する点と，屈折した場合に光束の断面積が異なるのでこの点も考慮しなければならないからである．

5.4 反射率と透過率

本節では，入力波の強度がどの程度反射あるいは透過するのかを議論する．前者を反射率 R (Reflectivity)，後者を透過率 T (Transmissivity) という．図 5.7 のように，入射光束の入射角は θ_i である場合を考えよう．さらに，光束断面での強度は一様であるとする．境界面での面積を A とすると，入射光束と反射光束の

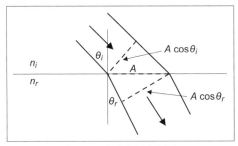

図 5.7　入射光束と透過光束

断面積 A_i と A_r は,

$$A_i = A_r = A \cos \theta_i \tag{5.88}$$

で与えられる. しかし, 透過光束に対しては, 屈折角を θ_t とすると,

$$A_t = A \cos \theta_t \tag{5.89}$$

となる. 5.2.1 項で述べたように, 入射光束の強度はポインティングベクトルの時間平均であるから,

$$I = \langle S \rangle = \frac{\epsilon_0 v}{2} E_0^2 \tag{5.90}$$

ただし, 媒質中の光速度を v とする.

反射率は, 入射ビームのエネルギーと反射ビームのエネルギーの比であるので,

$$R \equiv \frac{反射エネルギー}{入射エネルギー} = \frac{I_r A \cos \theta_i}{I_i A \cos \theta_i} = \frac{I_r}{I_i} \tag{5.91}$$

が得られる. 入射光も反射光も同じ媒質を伝播するので, 式 (5.90) より,

$$R = \frac{I_r}{I_i} = \frac{E_{0r}^2}{E_{0i}^2} = r^2 \tag{5.92}$$

透過率も同様に,

$$T \equiv \frac{透過エネルギー}{入射エネルギー} = \frac{I_t A \cos \theta_t}{I_i A \cos \theta_i} = \frac{I_t \cos \theta_t}{I_i \cos \theta_i} = \frac{\epsilon_t v_t/2 \cos \theta_t E_{0t}^2}{\epsilon_i v_i/2 \cos \theta_i E_{0i}^2} \tag{5.93}$$

ここで, ϵ_i, v_i は入射側の媒質の誘電率と光速度, ϵ_t, v_t は透過側の媒質の誘電率と光速度である. 透磁率は両媒質とも μ_0 とする. 各媒質中で $\mu_0 \epsilon_t v_t = n_t/c$ などの関係があることを用いると,

$$T = \left(\frac{n_t \cos \theta_t}{n_i \cos \theta_i} \right) t^2 \tag{5.94}$$

が得られる.

反射率と透過率を s 偏光成分と p 偏光成分に分けて表すと, 次のようになる.

$$R_s = r_s^2 = \left(\frac{n_i \cos \theta_i - n_t \cos \theta_t}{n_i \cos \theta_i + n_t \cos \theta_t} \right)^2 \tag{5.95}$$

$$T_s = \left(\frac{n_t \cos \theta_t}{n_i \cos \theta_i} \right) t_s^2 = \frac{4 n_i n_t \cos \theta_i \cos \theta_t}{(n_i \cos \theta_i + n_t \cos \theta_t)^2} \tag{5.96}$$

$$R_p = r_p^2 = \left(\frac{n_i \cos \theta_t - n_t \cos \theta_i}{n_i \cos \theta_t + n_t \cos \theta_i} \right)^2 \tag{5.97}$$

$$T_{\mathrm{p}} = \left(\frac{n_{\mathrm{t}}\cos\theta_{\mathrm{t}}}{n_{\mathrm{i}}\cos\theta_{\mathrm{i}}}\right) t_{\mathrm{p}}^2 = \frac{4n_{\mathrm{i}}n_{\mathrm{t}}\cos\theta_{\mathrm{i}}\cos\theta_{\mathrm{t}}}{(n_{\mathrm{i}}\cos\theta_{\mathrm{t}} + n_{\mathrm{t}}\cos\theta_{\mathrm{i}})^2} \tag{5.98}$$

いずれの偏光においても,

$$R + T = 1 \tag{5.99}$$

の関係がある.これはエネルギー保存則である.

s 偏光と p 偏光に対する反射率と透過率のグラフを図 5.8 ($n_{\mathrm{i}} < n_{\mathrm{t}}$ の場合) と図 5.9 ($n_{\mathrm{i}} > n_{\mathrm{t}}$ の場合) に示す.

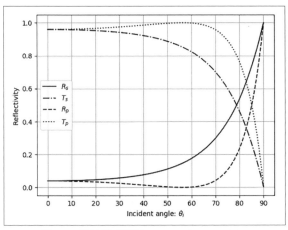

図 5.8 透過率と反射率. $n_{\mathrm{i}} = 1.0$, $n_{\mathrm{t}} = 1.5$.

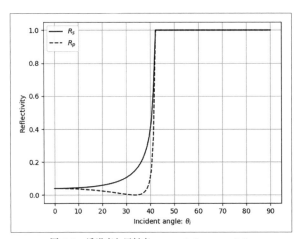

図 5.9 透過率と反射率. $n_{\mathrm{i}} = 1.5$, $n_{\mathrm{t}} = 1.0$.

ここで，垂直入射の場合には，

$$R = R_\mathrm{s} = R_\mathrm{p} = \left(\frac{n_\mathrm{i} - n_\mathrm{t}}{n_\mathrm{i} + n_\mathrm{t}}\right)^2 \tag{5.100}$$

$$T = T_\mathrm{s} = T_\mathrm{p} = \frac{4 n_\mathrm{i} n_\mathrm{t}}{(n_\mathrm{i} + n_\mathrm{t})^2} \tag{5.101}$$

の関係がある．空気とガラス（$n_\mathrm{s} = 1.5$）の境界に垂直に光が入射する場合の反射率は，空気からガラスに入射する場合でも，ガラスから空気に入射する場合でも約 4% である．

5.5 干　　　渉

同じ方向に向かう 2 つの平面波を重ね合わせた場合のビートの現象については，すでに，4.3.1 項で述べた．ここでは，より一般的な場合，すなわち，光波の進む方向も周波数も異なる 2 つの単色平面波の重ね合わせを考えよう．

図 5.10 に示すように，点光源 S_1 と S_2 から単色光が出て，点 P に到達したとしよう．このとき，点光源 S_1 から点 P に伝播する光の振幅は，

$$\boldsymbol{E}_1 = \boldsymbol{E}_{01} \exp\left[\mathrm{i}(\boldsymbol{k}_1 \cdot \boldsymbol{r}_1 - \omega_1 t + \phi_1)\right] \tag{5.102}$$

と表すことができる．ただし，$\boldsymbol{E}_{01}$ は波の偏光を表す振幅ベクトル，$\boldsymbol{k}_1$ は振幅が $k_1 = 2\pi/\lambda_1$ である波数ベクトル，λ_1 は波長，ω_1 は角振動数，ϕ_1 は初期位相である．点 S_1 の位置ベクトルが $\boldsymbol{s}_1$，点 P の位置ベクトルは $\boldsymbol{r}$ であるとすると，$\boldsymbol{r}_1 = \boldsymbol{r} - \boldsymbol{s}_1$ は点 S_1 から点 P に向かうベクトルである．同様に，点光源 S_2 から点 P に伝播する光の振幅は，

$$\boldsymbol{E}_2 = \boldsymbol{E}_{02} \exp\left[\mathrm{i}(\boldsymbol{k}_2 \cdot \boldsymbol{r}_2 - \omega_2 t + \phi_2)\right] \tag{5.103}$$

である．これらの式は，

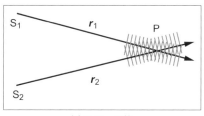

図 5.10　干渉

$$E_1 = E_{01}e^{i\delta_1} \tag{5.104}$$

$$E_2 = E_{02}e^{i\delta_2} \tag{5.105}$$

とも書くことができる. ただし,

$$\delta_1 = \boldsymbol{k}_1 \cdot \boldsymbol{r}_1 - \omega_1 t + \phi_1 \tag{5.106}$$

$$\delta_2 = \boldsymbol{k}_2 \cdot \boldsymbol{r}_2 - \omega_2 t + \phi_2 \tag{5.107}$$

点 P では 2 つの光が重ね合わさるので, そこでの振幅は,

$$\boldsymbol{E} = \boldsymbol{E}_1 + \boldsymbol{E}_2 = \boldsymbol{E}_{01}e^{i\delta_1} + \boldsymbol{E}_{02}e^{i\delta_2} \tag{5.108}$$

となる. 次に, 点 P における光の強度を考えよう. 式 (5.33) より, 光の強度は, ポインティングベクトルの時間平均で与えられるから,

$$
\begin{aligned}
I &= \epsilon v \frac{E^2}{2} = \frac{\epsilon v}{2} \boldsymbol{E} \cdot \boldsymbol{E}^* = \frac{\epsilon v}{2} \big(\boldsymbol{E}_{01}e^{i\delta_1} + \boldsymbol{E}_{02}e^{i\delta_2} \big) \cdot \big(\boldsymbol{E}_{01}e^{i\delta_1} + \boldsymbol{E}_{02}e^{i\delta_2} \big)^* \\
&= \frac{\epsilon v}{2} \big(E_{01}^2 + E_{02}^2 + 2\boldsymbol{E}_{01} \cdot \boldsymbol{E}_{02} \cos(\delta_2 - \delta_1) \big) \\
&= I_1 + I_2 + \epsilon v \boldsymbol{E}_{01} \cdot \boldsymbol{E}_{02} \cos\delta
\end{aligned} \tag{5.109}
$$

ただし,

$$I_1 = \frac{\epsilon v E_{01}^2}{2}, \quad I_2 = \frac{\epsilon v E_{02}^2}{2}, \quad \delta = \delta_2 - \delta_1$$

式 (5.109) の第 1 項は光波 E_{01} の強度, 第 2 項は光波 E_{02} の強度, 第 3 項は光干渉による項である. この第 3 項は, ベクトル E_{01} と E_{02} が直交していると, $E_{01} \cdot E_{02} = 0$ となり, 第 3 項は現れない. つまり, 2 つの波は干渉しない.

ベクトル E_{01} と E_{02} が平行であると, $E_{01} \cdot E_{02} = E_{01}E_{02}$ となり, これが干渉項である. $\omega_1 = \omega_2$ のとき,

$$I = I_1 + I_2 + 2\sqrt{I_1 I_2}\cos\delta \tag{5.110}$$

が得られる. 位相差 δ の値によって強度 I の大きさが決まる. $\delta = 0, \pm 2\pi, \pm 4\pi, \ldots$ のとき, 干渉項は最大となり強め合いの干渉が生じる. 一方, $\delta = \pm\pi, \pm 3\pi, \pm 5\pi, \ldots$ のとき, 干渉項は最小となり弱め合いの干渉が生じる.

場所的に位相差 δ が変わる場合には, 強度分布は縞状の明暗パターンになる. これを干渉縞と呼ぶ.

図 5.11 に $I_1 = I_2$, $I_1 = 10I_2$, $I_1 = 100I_2$ の場合の強度分布 I を示す. 2 つの

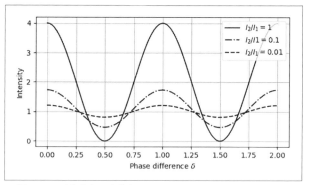

図 5.11 干渉強度 I と位相 δ. I_2/I_1 が 1, 0.1, 0.01 の場合.

波の振幅が等しい場合，つまり，$E_{01} = E_{02}$ の場合には，$I_0 = I_1 = I_2$ として，

$$I = 2I_0 + 2I_0 \cos\delta = 2I_0(1 + \cos\delta) = 4I_0 \cos^2\frac{\delta}{2} \tag{5.111}$$

つまり，強度分布の最小値は 0 になる．

● 鮮 明 度

干渉によってできた強度分布の最大値を I_max，最小値を I_min として，鮮明度あるいは可視度

$$V \equiv \frac{I_\mathrm{max} - I_\mathrm{min}}{I_\mathrm{max} + I_\mathrm{min}} = \frac{2\sqrt{I_1 I_2}}{I_1 + I_2} \tag{5.112}$$

を定義する．I_1 と I_2 の比が $1:1$，$1:0.1$，$1:0.01$ のとき，鮮明度 V は，それぞれ，1.0，0.57，0.20 である．強度比が 100 倍違っても鮮明度は 0.2 しか低下しない．

これまでは，単色の光で偏光状態も変化しない平面波の干渉を考えてきた．しかし，通常の光源は広がった領域から放出される光の集合であり，時間的に周波数も，振幅も，位相も不規則に変動する．したがって，異なる経路を通った光は，光路長差が大きい場合には一定の位相差とはならず，干渉縞強度は時間的に変動する．このためさまざまな工夫がなされている．

5.5.1　同じ周波数の光波の干渉

干渉する 2 つの光の周波数が同じであった場合，$\omega_1 = \omega_2 = \omega$ であるので式 (5.106) と (5.107) は，

$$\delta_1 = \boldsymbol{k}_1 \cdot \boldsymbol{r}_1 - \omega t + \phi_1 \tag{5.113}$$

$$\delta_2 = \boldsymbol{k}_2 \cdot \boldsymbol{r}_2 - \omega t + \phi_2 \tag{5.114}$$

両者の位相差は，
$$\delta = \delta_2 - \delta_1 = \boldsymbol{k}_1 \cdot \boldsymbol{r}_2 - \boldsymbol{k}_1 \cdot \boldsymbol{r}_1 + \phi_2 - \phi_1 \tag{5.115}$$
となり，位相差 δ は，時間に対して定数となる．つまり，同じ周波数の2つの光による干渉縞は時間的には変化しない．

5.5.2 ヤングの実験

ヤングは1800年ごろ，光の波動説を決定づける干渉実験を行った．図5.12に示すように単色点光源 S_0 から出た光を複スリット S_1, S_2 を通して後方のスクリーンで観測した．スクリーン上には明暗の縞模様が観測された．この現象は光の粒子説では説明できない．光の波動説にしたがってこの現象を説明しよう．

単色の点光源 S_0 から等距離にある2つのスリット S_1 と S_2 が距離 d だけ離れて置かれている．これを第2の光源としてスクリーン面上で干渉強度を観測する．S_1 と S_2 のスリット面とスクリーン面の距離を r_0 とする．スクリーン面上の点 $P(x,y)$ から複スリット S_1 と S_2 までの距離をそれぞれ r_1 と r_2 とすると，両者の差は，

$$r_2 - r_1 = \sqrt{r_0^2 + \left(x + \frac{d}{2}\right)^2 + y^2} - \sqrt{r_0^2 + \left(x - \frac{d}{2}\right)^2 + y^2}$$
$$= r_0 \left[\sqrt{1 + \frac{(x+d/2)^2 + y^2}{r_0^2}} - \sqrt{1 + \frac{(x-d/2)^2 + y^2}{r_0^2}} \right] \tag{5.116}$$

距離 r_0 が x や y よりも十分大きい場合には，

$$r_2 - r_1 = r_0 \left\{ \left[1 + \frac{(x+d/2)^2 + y^2}{2r_0^2}\right] - \left[1 + \frac{(x-d/2)^2 + y^2}{2r_0^2}\right] \right\} \approx \frac{d}{r_0} x \tag{5.117}$$

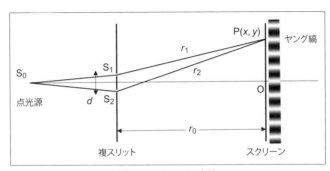

図 5.12 ヤングの実験

と近似できる*3).したがって,スクリーン面上にできる干渉縞は,式 (5.110) から,両スリットからの光強度は等しく $I_1 = I_2 = I_0$ であるので,

$$I = 2I_0 + 2I_0 \cos \delta = 4I_0 \cos^2 \frac{\delta}{2} \tag{5.118}$$

ただし,位相差は,n を媒質の屈折率として,

$$\delta = \frac{2\pi}{\lambda_0} n(r_2 - r_1) = \frac{2\pi n d}{\lambda_0 r_0} x \tag{5.119}$$

である.

このように,ヤングの実験では,2 つのスリットを使って,光源からの波面を分割して干渉させていた.このような方式を波面分割干渉法という.

ヤングの方法では,光源からの光をスリットを通して観測面に導いているので,明るい干渉縞が得にくい.この困難を克服する方法として,フレネルの複プリズム法,ロイド鏡などがある.

5.5.3 振幅分割干渉

半透明鏡などで光の振幅を反射光と透過光に分けて,干渉させる方式がある.これを振幅分割干渉法という.この干渉法は,2 つの光束の干渉であるので,二光束干渉とも呼ばれる.

● **等傾角干渉**

図 5.13 のように,屈折率が n_1 の媒質中に厚さ d の平行平面板があるとする.

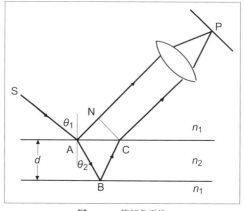

図 5.13 等傾角干渉

---

*3) $x \ll 1$ の場合,$\sqrt{1+x} \approx 1 + x/2$ と近似できる.

光源 S からの入射光は平行平面板の表面で反射し，一部は透過して裏面で反射し
再び表面を透過する．この両者の干渉を考えよう．表面での入射角を θ_1，屈折角
を θ_2 とする．入射波は平面波であるとすれば，反射波も平面波となり，両者は
レンズによって観測面上の点 P に集められる．平面波の進行方向を光線として考
え，光源 S からの平面波が平行平面板表面の点 A で反射しレンズを通過して観測
点 P に向かい，透過した平面波は裏面の点 B で反射し，表面の点 C で透過しレ
ンズを通して点 P に到達するものとする．ここで，点 C から点 A で反射した光
線に下ろした垂線の足を点 N とする．このときの，両波の光路差 ΔL は，

$$\Delta L = n_2 \left(\overline{AB} + \overline{BC} \right) - n_1 \overline{AN} \tag{5.120}$$

$$= \frac{2n_2 d}{\cos\theta_2} - 2n_1 d \tan\theta_2 \sin\theta_1 \tag{5.121}$$

$$= 2n_2 d \cos\theta_2 \tag{5.122}$$

したがって，位相差は，

$$\delta = \frac{2\pi}{\lambda_0} \Delta L \pm \pi = \frac{4\pi}{\lambda_0} n_2 d \cos\theta_2 \pm \pi \tag{5.123}$$

である．$\pm\pi$ は境界面における位相変化である．$n_1 < n_2$ の場合に，入射角が小
さい場合には反射光の振幅は π 変化する．このことはすでに，5.3.4 項で述べた．

式 (5.118) と (5.123) から，干渉縞の強度分布は，

$$I(\theta_2) = 4I_0 \sin^2 \left(\frac{2\pi}{\lambda_0} n_2 d \cos\theta_2 \right) \tag{5.124}$$

である．

反射光の強さは，

$$2n_2 d \cos\theta_2 = \frac{1}{2}(2m+1)\lambda_0, \qquad m = 0, \pm 1, \pm 2, \ldots \tag{5.125}$$

のとき，最大となり，

$$2n_2 d \cos\theta_2 = m\lambda_0, \qquad m = 0, \pm 1, \pm 2, \ldots \tag{5.126}$$

のとき，最小となる．媒質の屈折率 n_1 と n_2 および平行平面板の厚さ d が与えら
れると，入射角 θ_1 が決まると決まった方向 θ_2 に決まった強さの光が得られ，レ
ンズを通すと焦点面上に干渉縞が観測される．これを等傾角干渉という．さまざ
まな角度の光を平行平面板に入射させると，干渉の条件を満たした縞が複数観測
される．広がった単色光源を用いて，平行平面板にほぼ垂直の方向から観測する
と，同心円状の干渉縞が得られる．これをハイディンガー干渉縞という．

132　　　　　　　　　　　　　　5. 波 動 光 学

例題 5.2　等傾角干渉

　等傾角干渉縞の強度分布を入射角の関数としてプロットせよ．ただし，平行平面板の厚さを $d = 0.05\,\mathrm{mm}$，屈折率は $n_2 = 1.5$，波長は $\lambda_0 = 0.5\,\mathrm{\mu m}$ とせよ．また，入射角は小さく，$\theta_1 = \theta_2 = \theta$ とせよ．さらに，厚さが若干薄くなった $d = 0.04$ の場合も合わせてプロットせよ．

例題 5.2 のプログラム

```
 1  import numpy as np
 2  import matplotlib.pyplot as plt
 3
 4  def fringe(theta, w_length, n, d):
 5      return 4 * np.sin((2 * np.pi * n * d * np.cos(theta)) \
 6                                       / w_length)**2
 7
 8  w_length = 0.5e-6
 9  n = 1.5
10  d1 = 0.5e-3
11  d2 = 0.4e-3
12
13  angle = np.linspace(-5, 5, 500)
14  theta = np.radians(angle)
15
16  fig, ax = plt.subplots()
17  ax.plot(angle, fringe(theta, w_length, n, d1), \
18                               "-k", label="d=0.05mm")
19  ax.plot(angle, fringe(theta, w_length, n, d2), \
20                               "--k", label="d=0.04mm")
21  ax.set_aspect(1)
22  ax.set_xlabel("Incident angle \u03b8 (deg)")
23  ax.set_ylabel("Intensity")
24  ax.legend(loc="lower left")
25  fig.savefig("fringe_haidinger.png")
```

　出力を図 5.14 に示す．この結果から，平行平面板の厚さが減ると中心の黒い縞は外側に広がることがわかる．

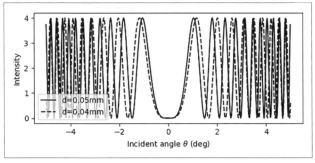

図 5.14 等傾角干渉縞．例題 5.2 のプログラムの出力例．

等傾角干渉は平行平面板のみで起こるだけではない．マイケルソンがメートル原器を用いて光源の波長の測定に用いた等傾角干渉計を図 5.15 に示す．この干渉計を用いて，メートル原器の長さに相当する距離だけ，反射鏡 M_2 を移動させ，このときの干渉縞の移動を測定した．カドミウムの赤色輝線スペクトル光源を用いた測定で，メートル原器（1 m）は 1553163.5 波長であることを示した[*4]．

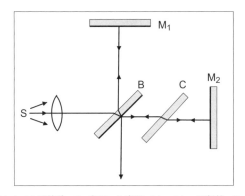

図 5.15 マイケルソン干渉計．S：広がった光源，M_1，M_2：反射鏡，B：半透明鏡，C：補償板．補償板 C の媒質と厚さは半透明鏡 B と同じであるとする．反射鏡 M_1 で反射する光は媒質を 3 回透過する．一方，補償板 C が無ければ，反射鏡 M_2 で反射する光は媒質を 1 回しか透過しない．補償板 C を挿入すると，さらに媒質を 2 回通過させることになる．このようにして分散の影響を補償することができる．単色点光源（レーザー光など）ではこの補償板 C は必要ない．

[*4)] このような多数の干渉縞の本数を計測することは非常に困難であった．マイケルソンがとった方法は，A. A. Michelson: *Studies in Optics*, University of Chicago Press (1927), Dover Publications Reprint version (1995) に詳しい．

● 等厚干渉

透明な板の厚さにむらがある場合には，干渉縞の性質が等傾角干渉の場合と異なる．干渉縞は，入射角 θ_1 よりも厚さ d や屈折率 n_2 によってその性質が決まる．

図 5.16 において，光源 S から平面波が透明板の表面の点 A に入射して，一部は反射し観測点 P に向かい，一部は透過して透明板の裏面の点 B で反射し，表面の点 C で屈折して観測点 P に向かうとする．透明板の表面と裏面はほぼ平行であるとする．透明板の外の媒質の屈折率を n_1，透明板の屈折率を n_2 とする．また，透明板の厚さを d とし，入射角を θ_1，屈折角を θ_2 とする．このときの点 A で反射する平面波と点 C で屈折した平面波はほぼ平行に進み，観測点 P に至る．両者の位相差 δ は，式 (5.123) と同じである．しかし，入射波は平面波であり入射角 θ_1 は一定なので，位相の変化は厚み d だけで決まる．このような干渉を等厚干渉という．

等厚干渉の典型例を図 5.17 に示す．配置は図 5.15 のマイケルソン干渉計とほぼ同じであるが，光源は点光源である．光源がレーザー光のような単色光である場合には，補償板 C は不要である．一方の反射鏡，例えば，反射鏡 M_1 は参照用の反射鏡で，他方の反射鏡 M_2 は被測定反射面を配置する．被測定面は結像レンズで測定面 P に結像される．被測定面が平面に近く，参照鏡が理想的な平面とみなせる場合には，測定面には，参照平面と被測定面形状の差の 2 倍に相当する干渉縞が得られる．この干渉計は，トワイマン・グリーン干渉計と呼ばれている．

トワイマン・グリーン干渉計は光路が十字形であるので，振動に弱い．この弱点を克服した干渉計が図 5.18 に示すフィゾー干渉計である．被測定面の直前に参

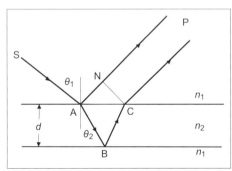

図 5.16 等厚干渉

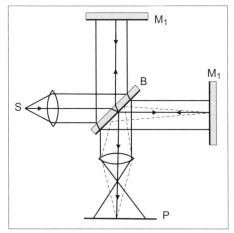

図 5.17 トワイマン・グリーン干渉計

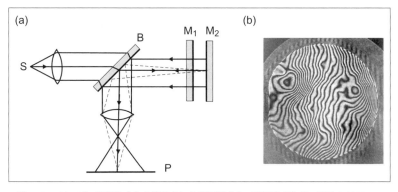

図 5.18 フィゾー干渉計 (a) と測定された干渉縞 (b). 干渉縞 (b) は,波長 0.6328 μm のレーザーを光源として得られたシリコンウエハの表面形状. 干渉縞 1 本は 0.32 μm の高低差に相当.

照面を配置している. 干渉する 2 つの光波はほぼ同じ光路を通るので, 振動の影響を受けにくい.

5.5.4 多光束干渉

図 5.13 に示した等傾角干渉では,平行平面板の表面での反射波と裏面での反射波の干渉を考えた. しかし,裏面での反射波は表面で再び反射して裏面で反射する波も存在する. 図 5.19 にこの多重反射を考慮した干渉を示す.

光源から波長 λ_0 の単色平面波が平行平面板に入射するとしよう. 平行平面板

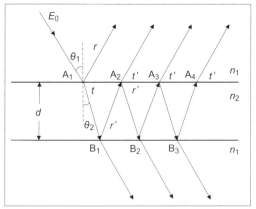

図 5.19 多光束干渉

の外部の媒質の屈折率を n_1，平行平面板の屈折率を n_2 とする．平行平面板の厚さを d とする．屈折率 n_1 の媒質から，平行平面板に入射する場合の反射率と透過率をそれぞれ，r，t とする．また，平行平面板から外部に進む光についての反射率と透過率を r'，t' とする．振幅 E_0 の入射光は点 A_1 で反射し，その振幅は rE_0，残りは振幅 tE_0 の透過光となる．この透過光は点 B_1 で反射し振幅が $r'tE_0$ となる．この反射光は点 A_2 で再び透過と反射し，その振幅は $t'r'tE_0$ と $r'r'tE_0$ となる．このように，光波は多重に反射と透過を繰り返す．

光波が表面と裏面を往復するときの位相変化は，式 (5.123) と同じく，

$$\delta = \frac{4\pi}{\lambda_0} n_2 d \cos\theta_2 \tag{5.127}$$

である．ただし，式 (5.123) にあった $\pm\pi$ の項は，r や r' に含まれていることに注意．

平行平面板で反射する光振幅の合計は，

$$\begin{aligned}
E_\mathrm{r} &= \left(r + tt'r'\mathrm{e}^{i\delta} + tt'r'^3 \mathrm{e}^{i2\delta} + tt'r'^5 \mathrm{e}^{i3\delta} + \cdots \right) E_0 \\
&= \left[r + tt'r'\mathrm{e}^{i\delta}\left(1 + r'^2 \mathrm{e}^{i\delta} + r'^4 \mathrm{e}^{i2\delta} + \cdots\right)\right] E_0 \\
&= \left(r + tt'r'\mathrm{e}^{i\delta} \frac{1}{1 - r'^2 \mathrm{e}^{i\delta}}\right) E_0 \\
&= \frac{(1 - \mathrm{e}^{i\delta})\sqrt{R}}{1 - R\mathrm{e}^{i\delta}} E_0 \tag{5.128}
\end{aligned}$$

ただし，ストークスの関係式 (5.87) を用いた．

入射光の強度を $I_0 = |E_0|^2$ とすると，入射光強度 I_0 に対する反射光強度 I_R の

比は,

$$\frac{I_{\mathrm{R}}}{I_0} = \frac{|E_{\mathrm{r}}|^2}{I_0} = \frac{4R\sin^2(\delta/2)}{(1-R)^2 + 4R\sin^2(\delta/2)} \tag{5.129}$$

入射光強度 I_0 に対する透過光強度 I_{R} の比は, 吸収がない場合には, $I_{\mathrm{T}} = I_0 - I_{\mathrm{R}}$ より,

$$\frac{I_{\mathrm{T}}}{I_0} = \frac{I_0 - I_{\mathrm{R}}}{I_0} = \frac{(1-R)^2}{(1-R)^2 + 4R\sin^2(\delta/2)} \tag{5.130}$$

である.

例題 5.3　多光束干渉

入射光強度 I_0 に対する透過光強度 I_{T} の比を, $R = 0.9$, $R = 0.5$, $R = 0.1$ の場合に対して, プロットせよ.

例題 5.3 のプログラム

```
1   import numpy as np
2   import matplotlib.pyplot as plt
3
4   def T(delta, R):
5       return (1-R)**2 / \
6     ( (1-R)**2 + 4 * R * np.sin(delta * np.pi / 2)**2 )
7
8   delta = np.linspace(0, 7, 400)
9
10  fig, ax = plt.subplots()
11  ax.plot(delta, T(delta, 0.9), "-k", label="R=0.9")
12  ax.plot(delta, T(delta, 0.5), "-.k", label="R=0.5")
13  ax.plot(delta, T(delta, 0.1), "--k", label="R=0.1")
14  ax.legend()
15  ax.set_aspect(3)
16  ax.set_xlabel(r"$\theta [\pi]$")
17  ax.set_ylabel(r"$I_t/I_0$")
18  fig.savefig("multi_beam.png")
```

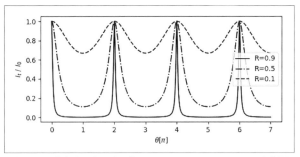

図 5.20 多光束干渉. 透過率 T. 例題 5.3 のプログラムの出力例.

16, 17 行中の r"..." は, raw 文字列と呼ばれ, 中にある \ で示されるエスケープシーケンスを展開しないでそのままの値が文字列となる. 通常, 文字列は TeX 記法が許される.

例題 5.3 のプログラムの出力を図 5.20 に示す.

フィネス係数 F を次のように定義する.

$$F = \frac{4R}{(1-R)^2} \tag{5.131}$$

このとき, 式 (5.130) は,

$$I_T = \frac{I_0}{1 + F \sin^2(\delta/2)} \tag{5.132}$$

と表すことができる. 反射率 R が 1 に近づくと, フィネス係数 F は大きくなる.

二光束干渉縞の強度分布は式 (5.124) のように正弦関数で表されるのに対して, 多光束干渉では, 縞の強度プロファイルは鋭いピークからなっている.

このピーク幅の指標として, 半値幅 $\Delta\delta_{1/2}$ を, 強度がピーク値の 1/2 になったときの幅とする. 式 (5.132) から,

$$\frac{I_0}{1 + F \sin^2(\delta/2)} = \frac{I_0}{2} \tag{5.133}$$

すなわち,

$$\delta_{1/2} = 2 \sin^{-1} \frac{1}{\sqrt{F}} \approx \frac{2}{\sqrt{F}} \tag{5.134}$$

したがって,

$$\Delta\delta_{1/2} = 2\delta_{1/2} = \frac{4}{\sqrt{F}} \tag{5.135}$$

これを半値幅という．強度ピークの幅 (2π) に対する半値幅 ($\Delta\delta_{1/2}$) として，次のようにフィネス (finesse) を定義する．

$$\mathcal{F} = \frac{2\pi}{\Delta\delta_{1/2}} = \frac{\pi\sqrt{F}}{2} \tag{5.136}$$

● ファブリ・ペロー干渉計

1枚の平行平面板を用いる代わりに，高反射率の平面を平行に対向させた構造の多光束干渉計が，ファブリ・ペロー干渉計である．この干渉計は，基本的には例題 3.9 で述べた共振器として機能する．ファブリ・ペロー干渉計は，レーザー用の共振器として広く用いられている．

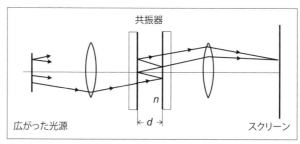

図 5.21 ファブリ・ペローエタロン

図 5.21 に示す平行に対向された平面の間隔が固定されている構造をエタロンという．このエタロンは，分光の目的で使用される．大きなフィネスを持ったエタロンに，異なる波長の光を入射させると，式 (5.127) で決まる位置にいくつかの鋭いピークが観測される．このときの波長分解能を考えてみよう．入射光の波長が $\Delta\lambda$ 変化すると，位相の変化量 $\Delta\delta$ は，垂直入射の場合に，

$$\Delta\delta = -\frac{4\pi n d}{\lambda^2}\Delta\lambda \tag{5.137}$$

したがって，

$$\frac{\lambda}{\Delta\lambda} = -\frac{\delta}{\Delta\delta} \tag{5.138}$$

ファブリ・ペロー干渉計の波長分解能 $\mathcal{R}$ は，式 (5.127) から δ を，$\Delta\delta$ として $\Delta\delta_{1/2}$ を取り，式 (5.136) を用いると，

$$\mathcal{R} = \left|\frac{\lambda}{\Delta\lambda}\right| = \frac{2nd}{\lambda}\mathcal{F} \tag{5.139}$$

で与えられる．このように，ファブリ・ペロー干渉計の波長分解能は，フィネス $\mathcal{F}$

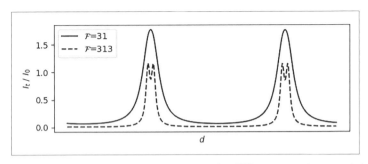

図 5.22 ファブリ・ペローエタロンによるスペクトル観測. $\mathcal{F} = 31$ ($R = 0.9$) と 313 ($R = 0.99$) の場合.

と 2 枚の反射面の光学的距離 nd に比例する. 2 つの反射面の間隔 d を変えながらスペクトル強度を観測するファブリ・ペロー干渉計を走査形ファブリ・ペロー干渉計という. 図 5.22 に波長が 0.5 nm 異なる 2 つのスペクトル線を $\mathcal{F} = 31$ と $\mathcal{F} = 313$ のエタロンで測定した場合のスペクトル線を示す. $\mathcal{F} = 31$ と 313 は, それぞれ, $R = 0.9$ と 0.99 に相当する. 高いフィネスのエタロンは高いスペクトル分解能があることがわかる.

5.5.5 干渉多層膜

多くの光学素子の表面には, 表面反射を低減あるいは増加させる目的で, 多層膜が使用されている. また, 多層膜は特定の波長範囲の光を透過させる光学フィルターとしても利用されている. これらの多層膜の光学特性は, 図 5.23 に示すような, 平行平面多層膜における多光束干渉で説明できる.

まず, 入射光は, s 偏光の平面波であるとしよう. 図 5.23 に示すように, 第 0 番目の境界が最上であり, その上面の媒質の屈折率を n_0 とする. 以下, 第 k 番目の境界面の上面を第 k 層と呼び, その媒質の屈折率を n_k, 間隔を h_k などとする. 第 k 番目の境界面に入射する平面波の入射角と反射角を θ_k とすると, 屈折角は θ_{k+1} となる.

第 k 番目の境界面上面においては, 電場の境界面に平行な成分は,

$$E_k = E_k^{(i)} + E_k^{(r)} \tag{5.140}$$

ただし, $E_k^{(i)}$ は境界面への入射波の電場, $E_k^{(r)}$ は $k+1$ 番目の境界面からの反射波の電場である. 磁場 ($H = B/\mu$) の接線成分は,

$$H_k = \sqrt{\frac{\epsilon_0}{\mu_0}} n_k \cos\theta_k \left(E_k^{(i)} - E_k^{(r)} \right) \tag{5.141}$$

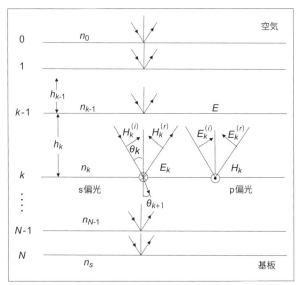

図 5.23 多層膜における干渉とその境界条件

である.第 k 層内で入射と反射波の接線成分 $E_k^{(i)}$ と $E_k^{(r)}$ の位相は,

$$\delta_k = \frac{2\pi}{\lambda} n_k h_k \cos\theta_k \tag{5.142}$$

だけ変化するので,第 $k-1$ 番目の境界面下面における電場の境界面に平行な成分は,

$$E'_{k-1} = E_k^{(i)} \exp(+\mathrm{i}\delta_k) + E_k^{(r)} \exp(-\mathrm{i}\delta_k) \tag{5.143}$$

磁場に対しても同様である.第 $k-1$ 層の境界面において,電場と磁場の接線成分は連続であるから,

$$E_{k-1} = E'_{k-1} = E_k^{(i)} \exp(\mathrm{i}\delta_k) + E_k^{(r)} \exp(-\mathrm{i}\delta_k) \tag{5.144}$$

$$H_{k-1} = H'_k = \sqrt{\frac{\epsilon_0}{\mu_0}} n_k \cos\theta_k \left[E_k^{(i)} \exp(\mathrm{i}\delta_k) - E_k^{(r)} \exp(-\mathrm{i}\delta_k) \right] \tag{5.145}$$

式 (5.140), (5.141), (5.144), (5.145) を用いて,

$$E_{k-1} = E_k \cos\delta_k + \mathrm{i} H_k \frac{\sin\delta_k}{\sqrt{\epsilon_0/\mu_0}\eta_k} \tag{5.146}$$

$$H_{k-1} = \mathrm{i} E_k \sin\delta_k \sqrt{\frac{\epsilon_0}{\mu_0}} \eta_k + H_k \cos\delta_k \tag{5.147}$$

ただし,

$$\eta_k = n_k \cos \delta_k \tag{5.148}$$

これを，実効屈折率と呼ぶ.

● **特 性 行 列**

s 偏光に対する光学アドミッタンスを，

$$Y_k = \sqrt{\frac{\epsilon_0}{\mu_0}} n_k \cos \delta_k = \sqrt{\frac{\epsilon_0}{\mu_0}} \eta_k \tag{5.149}$$

とする. これを用いて，式 (5.146) と (5.147) を行列の形で表示すると，

$$\begin{pmatrix} E_{k-1} \\ H_{k-1} \end{pmatrix} = \begin{pmatrix} \cos \delta_k & \frac{i \sin \delta_k}{Y_k} \\ iY_k \sin \delta_k & \cos \delta_k \end{pmatrix} \begin{pmatrix} E_k \\ H_k \end{pmatrix} = \mathcal{M}_k \begin{pmatrix} E_k \\ H_k \end{pmatrix} \tag{5.150}$$

ただし，特性行列を，

$$\mathcal{M}_k = \begin{pmatrix} \cos \delta_k & \frac{i \sin \delta_k}{Y_k} \\ iY_k \sin \delta_k & \cos \delta_k \end{pmatrix} \tag{5.151}$$

で定義する.

p 偏光に対しても同様な解析ができる. ただし，p 偏光に対する実効屈折率は，

$$\eta_k = \frac{n_k}{\cos \theta_k} \tag{5.152}$$

したがって，光学アドミッタンスは，

$$Y_k = \sqrt{\frac{\epsilon_0}{\mu_0}} \eta_k = \sqrt{\frac{\epsilon_0}{\mu_0}} \frac{n_k}{\cos \theta_k} \tag{5.153}$$

である. このように定義された，実効屈折率と光学アドミッタンスを用いると，p 偏光に対しても，特性行列は式 (5.150) で表される.

一般に，N 層からなる多層膜では，

$$\begin{pmatrix} E_0 \\ H_0 \end{pmatrix} = \mathcal{M}_1 \mathcal{M}_2 \cdots \mathcal{M}_N \begin{pmatrix} E_N \\ H_N \end{pmatrix} = \mathcal{M} \begin{pmatrix} E_N \\ H_N \end{pmatrix} \tag{5.154}$$

が成り立つ. ただし，$\mathcal{M}$ は多層膜全体の特性行列である.

● **反射率と透過率**

ここで，境界 N 層の外側にある基板の中を伝播する電場の接線成分を $E_{N+1}^{(i)}$ とすると，式 (5.154) より，第 N 層に関して，

$$\begin{pmatrix} E_0 \\ H_0 \end{pmatrix} = \begin{pmatrix} E_0^{(i)} + E_0^{(r)} \\ \left(E_0^{(i)} - E_0^{(r)} \right) Y_0 \end{pmatrix} = \mathcal{M} \begin{pmatrix} E_{N+1}^{(i)} \\ E_{N+1}^{(i)} Y_{N+1} \end{pmatrix} \tag{5.155}$$

ただし，Y_{N+1} は基板の光学アドミッタンスである．

多層膜の反射係数は，

$$r = \frac{E_0^{(r)}}{E_0^{(i)}} = \frac{Y_0(m_{11} + Y_{N+1}m_{12}) - (m_{21} + Y_{N+1}m_{22})}{Y_0(m_{11} + Y_{N+1}m_{12}) + (m_{21} + Y_{N+1}m_{22})} \tag{5.156}$$

で与えられる．ただし，特性行列を

$$\mathcal{M} = \begin{pmatrix} m_{11} & m_{12} \\ m_{21} & m_{22} \end{pmatrix} \tag{5.157}$$

で表した．

多層膜の透過係数は，

$$t = \frac{E_{N+1}^{(i)}}{E_0^{(i)}} = \frac{2Y_0}{Y_0(m_{11} + Y_{N+1}m_{12}) + (m_{21} + Y_{N+1}m_{22})} \tag{5.158}$$

で与えられる．

5.5.6　多層反射膜

実用的な多層反射膜では，垂直入射 $\theta_0 = 0$ の場合を考えることが多い．また，膜厚が $n_k h_k = \lambda/4$ の場合には式が簡単になる．この条件を満たす薄膜を $\lambda/4$ 薄膜とよぶ．以下この条件で多層膜反射を考える．

● 単層反射防止膜

ガラス基板の上に単層の $\lambda/4$ 薄膜がある場合の反射率を考えよう．膜の屈折率を n_1，ガラスの屈折率を n_s，膜の外の媒質の屈折率を n_0 とする．各層の光学アドミッタンスは，

$$Y_0 = \sqrt{\frac{\epsilon_0}{\mu_0}} n_0, \qquad Y_1 = \sqrt{\frac{\epsilon_0}{\mu_0}} n_1, \qquad Y_2 = \sqrt{\frac{\epsilon_0}{\mu_0}} n_\mathrm{s} \tag{5.159}$$

特性行列は，

$$\mathcal{M}_1 = \begin{pmatrix} m_{11} & m_{12} \\ m_{21} & m_{22} \end{pmatrix} = \begin{pmatrix} 0 & \mathrm{i}/Y_1 \\ \mathrm{i}Y_1 & 0 \end{pmatrix} \tag{5.160}$$

反射率は，式 (5.156) より，

$$R = r^2 = \left(\frac{Y_0 Y_2 m_{12} - m_{21}}{Y_0 Y_2 m_{12} + m_{21}} \right)^2 = \left(\frac{Y_0 Y_2 - Y_1^2}{Y_0 Y_2 + Y_1^2} \right)^2 = \left(\frac{n_0 n_\mathrm{s} - n_1^2}{n_0 n_\mathrm{s} + n_1^2} \right)^2 \tag{5.161}$$

これから，$n_1 = \sqrt{n_0 n_\mathrm{s}}$ のとき，ある波長の光に対して無反射が実現できる．しかし，ガラスの屈折率は $n_\mathrm{s} = 1.52$ 程度であり，$n_0 = 1.0$ とすると，$n_1 = 1.23$ が必要で，実用的な光学薄膜材料でこの屈折率に近いものは無い．

144   5. 波 動 光 学

● **二層反射防止膜**

ガラス基板の上に二層の $\lambda/4$ 薄膜をつけた反射防止膜を考えよう. 薄膜の屈折率を n_1, n_2 とする. 基板の屈折率を n_s とする. このときの特性行列は,

$$\mathcal{M} = \begin{pmatrix} 0 & i/Y_1 \\ iY_1 & 0 \end{pmatrix} \begin{pmatrix} 0 & i/Y_2 \\ iY_2 & 0 \end{pmatrix} = \begin{pmatrix} -Y_2/Y_1 & 0 \\ 0 & -Y_1/Y_2 \end{pmatrix} \tag{5.162}$$

垂直入射を考えているので,

$$\mathcal{M} = \begin{pmatrix} -n_2/n_1 & 0 \\ 0 & -n_1/n_2 \end{pmatrix} \tag{5.163}$$

が得られる. したがって, 反射率は, 式 (5.156) より,

$$R_2 = r_2^2 = \left(\frac{n_2^2 n_0 - n_s n_1^2}{n_2^2 n_0 + n_s n_1^2} \right)^2 \tag{5.164}$$

これより,

$$\left(\frac{n_2}{n_1} \right)^2 = \frac{n_s}{n_0} \tag{5.165}$$

を満たす場合, ある波長に対して無反射が実現できる.

例題 5.4　二層反射防止膜

　二層の反射防止膜の分光反射率をプロットせよ. 反射率 0 を目的とする目的波長を $\lambda_0 = 550\,\text{nm}$ とする. ただし, 基板はガラスで屈折率を $n_s = 1.52$ とする. このとき, $n_0 = 1$ であるので, 式 (5.165) より $n_2 > n_1$. この条件を満たす反射防止膜用材料として, フッ化マグネシウム (MgF_2) $(n_1 = 1.38)$ とアルミナ（酸化アルミニウム Al_2O_3）$(n_2 = 1.62)$ を考える.

　まず, 反射率の波長変化を考えるので, 目的波長 λ_0 以外の波長 λ に対する単層の特性行列は, 式 (5.151) まで戻って考える必要がある. ここで, 波長 λ に対する屈折率を $n_i(\lambda)$, 波長 λ_0 に対する屈折率を n_{i0} とする. 膜厚に対する条件は $n_{i0}d = \lambda_0/4$ であることから,

$$\delta = \frac{2\pi}{\lambda} n_i(\lambda)d = \frac{2\pi}{\lambda} n_i(\lambda) \cdot \frac{\lambda_0/n_{i0}}{4} = \frac{\pi}{2} q \frac{\lambda_0}{\lambda} \tag{5.166}$$

が与えられることに注意せよ. ただし, $q = n_i(\lambda)/n_{i0}$ である. q は屈折率分散の効果を表すパラメーターである. 可視光領域に対しては, $q = 1$ としてよい.

二層の特性行列は,

$$\mathcal{M} = \begin{pmatrix} \cos\delta & \frac{\mathrm{i}\sin\delta}{Y_1} \\ \mathrm{i}Y_1\sin\delta & \cos\delta \end{pmatrix} \begin{pmatrix} \cos\delta & \frac{\mathrm{i}\sin\delta}{Y_2} \\ \mathrm{i}Y_2\sin\delta & \cos\delta \end{pmatrix} \tag{5.167}$$

ただし,

$$Y_1 = \sqrt{\frac{\epsilon_0}{\mu_0}}\,n_1, \qquad Y_2 = \sqrt{\frac{\epsilon_0}{\mu_0}}\,n_2 \tag{5.168}$$

次のプログラムでは, 光学アドミッタンスの $\sqrt{\epsilon_0/\mu_0}$ の項は, r を計算する段階で消えるので省略されている.

例題 5.4 のプログラム

```python
import numpy as np
import matplotlib.pyplot as plt

def M0(wlen, Y):
    wlen0 = 550
    delta = np.pi / 2 * wlen / wlen0
    return np.array([[np.cos(delta), 1j * np.sin(delta)/Y], \
                    [1j * Y * np.sin(delta), np.cos(delta)]])

N = 200
wlen = np.linspace(400, 700, N)

n0=1; n1= 1.38; n2=1.62; ng=1.52

Y0 = n0
Y1 = n1
Y2 = n2
Yg = ng

R = []
for w in wlen:
    M = M0(w, Y1) @ M0(w, Y2)
    m11 = M[0, 0]
    m12 = M[0, 1]
    m21 = M[1, 0]
    m22 = M[1, 1]
    r = (Y0 * (m11 + Yg * m12) - (m21 + Yg * m22)) / \
        (Y0 * (m11 + Yg * m12) + (m21 + Yg * m22))
    r2 = np.abs(r) ** 2
    R.append(r2)
```

```
31
32  fig, ax = plt.subplots()
33  ax.plot(wlen, R)
34  ax.set_aspect(700/0.1)
35  ax.set_xlabel("Wave length[nm]")
36  ax.set_ylabel("Reflectance")
37  fig.savefig("two_layer.png")
```

例題 5.4 のプログラムの出力を図 5.24 に示す.

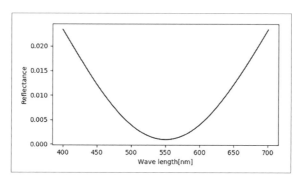

図 5.24 例題 5.4 のプログラムの出力例. 二層薄膜の分光反射率 R. ただし, $n_0 = 1$, $n_1 = 1.38$, $n_2 = 1.62$, $n_s = 1.52$.

目的波長 $\lambda_0 = 550\,\mathrm{nm}$ に対する反射率は $R = 0.000988$ である. この図からわかる通り, 可視光領域で, 反射防止膜がない場合 ($R = 0.043$) より低い反射率が得られている. 分散の影響は可視光領域では小さいので, 通常の計算では膜材料の分散は考慮されないことが多い.

例題 5.4 では, 多層膜の構造が, $h = \lambda/4n$ の厚みを持った低い屈折率膜 (L), 高い屈折率膜 (H) そして基板となっていた. これを $n_0\mathrm{LH}n_s$ と表すことにする. $n_0\mathrm{HL}n_s$ の構造の多層膜では, 例題 5.4 と同じ材料の場合の反射率は, $R = 0.137$ であり, 多層膜がない場合の反射率を大きく上回る. このように, 高屈折率 $\lambda/4$ 膜と低屈折率 $\lambda/4$ 膜を交互に重ねた多層膜では, 高い反射率が得られることが知られている.

● **多層周期構造反射膜**
高反射率多層膜として, $n_0(\mathrm{HL})^N\mathrm{H}n_s$ 構造で膜数が $2N+1$ の多層膜を考えて

みよう．高屈折率膜 H の屈折率を n_H，低屈折率膜 L の屈折率を n_L とする．HL 層の特性行列は，

$$
\mathcal{M}_{HL} = \begin{pmatrix} 0 & i/Y_H \\ iY_H & 0 \end{pmatrix} \begin{pmatrix} 0 & i/Y_L \\ iY_L & 0 \end{pmatrix} = \begin{pmatrix} -n_L/n_H & 0 \\ 0 & -n_H/n_L \end{pmatrix} \tag{5.169}
$$

全体の特性行列は，

$$
\begin{aligned}
\mathcal{M} &= \begin{pmatrix} -n_L/n_H & 0 \\ 0 & -n_H/n_L \end{pmatrix}^N \begin{pmatrix} 0 & i/Y_H \\ iY_H & 0 \end{pmatrix} \\
&= \begin{pmatrix} \left(-\frac{n_L}{n_H}\right)^N & 0 \\ 0 & \left(-\frac{n_H}{n_L}\right)^N \end{pmatrix} \begin{pmatrix} 0 & i/Y_H \\ iY_H & 0 \end{pmatrix} \\
&= \begin{pmatrix} 0 & i/Y_H \left(-\frac{n_L}{n_H}\right)^N \\ iY_H \left(-\frac{n_H}{n_L}\right)^N & 0 \end{pmatrix}
\end{aligned} \tag{5.170}
$$

ただし，$Y_H = \sqrt{\epsilon_0/\mu_0}\, n_H$．

反射率は，式 (5.156) を用いて，

$$
\begin{aligned}
R = r^2 &= \left(\frac{Y_0 Y_s m_{12} - m_{21}}{Y_0 Y_s m_{12} + m_{21}} \right)^2 \\
&= \left(\frac{1 - \frac{n_H^2}{n_0 n_s}\left(\frac{n_H}{n_L}\right)^{2N}}{1 + \frac{n_H^2}{n_0 n_s}\left(\frac{n_H}{n_L}\right)^{2N}} \right)^2 \approx 1 - 4\frac{n_0 n_s}{n_H^2}\left(\frac{n_L}{n_H}\right)^{2N}
\end{aligned} \tag{5.171}
$$

ただし，$Y_0 = \sqrt{\epsilon_0/\mu_0}\, n_0$，$Y_s = \sqrt{\epsilon_0/\mu_0}\, n_s$ であり，m_{12} と m_{21} は，全体特性行列の 1 行 2 列，2 行 1 列成分である．式 (5.171) から，n_H/n_L が大きいほど，N が大きいほど，目的波長 λ_0 に対する反射率は大きくなることがわかる．

例題 5.5　多層膜反射

　ガラス基板 ($n_s = 1.52$) の上に酸化チタン ($n_H = 2.40$) とフッ化マグネシウム ($n_L = 1.38$) の $\lambda/4$ 膜からなる多層反射膜の分光反射率をプロットせよ．ただし，目的波長は $\lambda_0 = 550\,\mathrm{nm}$，多層膜構造を $n_0(HL)^N H n_s$ とした場合，$N = 0$ から 4 までプロットせよ．

148   5. 波 動 光 学

例題 5.5 のプログラム

```
 1  import numpy as np
 2  import matplotlib.pyplot as plt
 3
 4  # 特性行列の定義
 5  def M(delta, Y):
 6      return np.array([[np.cos(delta), 1j * np.sin(delta)/Y], \
 7                      [1j * Y * np.sin(delta), np.cos(delta)]])
 8
 9  n0 = 1; nH = 2.40; nL = 1.38; ns = 1.52
10  YH = nH; YL = nL; Y0 = n0; Ys = ns
11
12  wlen0 = 550
13  wlen = np.linspace(300, 800, 200)
14
15  fig, ax = plt.subplots()
16
17  for N in range(5):
18      R = []
19      for w in wlen:
20          delta = np.pi / 2 * w / wlen0
21          if N == 0:
22              MM = M(delta, YH)
23
24          if N == 1 :
25              MM = M(delta, YH) @ M(delta, YL) @ M(delta, YH)
26          if N == 2:
27              MM = M(delta, YH) @ M(delta, YL) \
28                  @ M(delta, YH) @ M(delta, YL) @ M(delta, YH)
29          if N == 3:
30              MM = M(delta, YH) @ M(delta, YL) \
31                  @ M(delta, YH) @ M(delta, YL) \
32                  @ M(delta, YH) @ M(delta, YL) @ M(delta, YH)
33          if N == 4:
34              MM = M(delta, YH) @ M(delta, YL) \
35                  @ M(delta, YH) @ M(delta, YL) \
36                  @ M(delta, YH) @ M(delta, YL) \
37                  @ M(delta, YH) @ M(delta, YL) @ M(delta, YH)
38
39          m11 = MM[0, 0]
40          m12 = MM[0, 1]
```

```
41          m21 = MM[1, 0]
42          m22 = MM[1, 1]
43          r = (Y0 * (m11 + Ys * m12) - (m21 + Ys * m22)) / \
44              (Y0 * (m11 + Ys * m12) + (m21 + Ys * m22))
45          r2 = np.abs(r) ** 2
46          R.append(r2)
47
48      ax.plot(wlen, R, color="k", linewidth =(N+4)/6, \
49              label="$N$ = {}".format(N))
50
51  ax.legend()
52  ax.set_xlabel("Wave length[nm]")
53  ax.set_ylabel("Reflectance")
54  fig.savefig("multi_layer.png")
```

行 5 で特性行列 (5.151) を関数 M として定義する.

例題 5.5 のプログラムの出力を図 5.25 に示す.

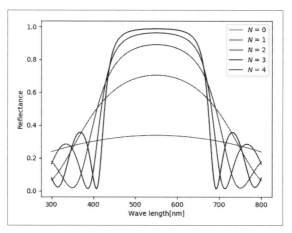

図 5.25 多層反射膜の分光反射率 R. 例題 5.5 のプログラムの出力例. ただし, $n_0 = 1$, $n_L = 1.38$, $n_H = 2.40$, $n_s = 1.52$. 目的波長は $\lambda_0 = 550\,\text{nm}$, 多層膜構造は $n_0(\text{HL})^N \text{H} n_s$.

5.5.7 白色干渉

波長の異なる光によってできる干渉縞について考えてみよう. わずかに波長が異なる多数の光波を, 例えば, ヤングの干渉計に入射した場合を考えてみよう.

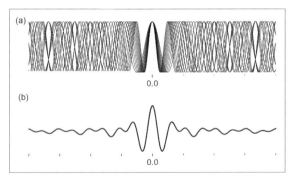

図 5.26 白色干渉. (a)：波長がわずかに違う光の干渉縞の重ね合わせ，(b)：白色干渉縞の強度分布.

波長によって干渉縞の間隔が異なるので全体の干渉縞は，図 5.26 のように，コントラストが低い縞模様が見えるはずである．ただし，光路長差が 0 の場所では，全ての波長の干渉縞は明縞になるので，この部分は白色の明るい縞が見える．このように，白色光によっても光路長差が 0 の部分には干渉縞ができる．これを白色干渉縞という．

5.5.8 コヒーレンス（可干渉性）

ここまでの干渉に関する議論は，光源が単色もしくは準単色の場合を主に対象としてきた．現実には，この条件は近似に過ぎない．ここでは，光源の性質が干渉にどのように影響するかを考察する．

● コヒーレンス度

まず，光波がどの程度干渉するかの指標を考えてみよう．ある光源 S から 2 つの光波が別の経路を通って観測点 P に到達すると仮定する．それぞれの光波を，$\boldsymbol{E}_1(\boldsymbol{r},t)$，$\boldsymbol{E}_2(\boldsymbol{r},t)$ とする．光源は，広がりがあり，スペクトルも単色ではないとする．観測点 P における振幅は，

$$\boldsymbol{E}_\mathrm{P} = \boldsymbol{E}_1(t) + \boldsymbol{E}_2(t+\tau) \tag{5.172}$$

ただし，$\boldsymbol{r}=0$ とした．τ は，2 つの経路を通過するのに要する時間の差である．点 P における光の強度は，比例項を除いて，

$$I_\mathrm{P} = \langle \boldsymbol{E}_\mathrm{P} \cdot \boldsymbol{E}_\mathrm{P}^* \rangle = \langle (\boldsymbol{E}_1 + \boldsymbol{E}_2) \cdot (\boldsymbol{E}_1^* + \boldsymbol{E}_2^*) \rangle \tag{5.173}$$

ただし，$\langle \cdots \rangle$ は，時間平均を表す．展開すると，

$$I_{\mathrm{P}} = I_1 + I_2 + 2\mathrm{Re}\left[\langle E_1 E_2^* \rangle\right] \tag{5.174}$$

ただし，両光波の偏光は同じとする．$I_1 = \langle |E_1|^2 \rangle$，$I_2 = \langle |E_2|^2 \rangle$ である．第 3 項は，E_1 と E_2 の干渉の項である．

ここで，相互コヒーレンス関数を

$$\Gamma_{12}(\tau) \equiv \langle E_1(t)E_2^*(t+\tau) \rangle \tag{5.175}$$

複素コヒーレンス度を

$$\gamma_{12}(\tau) \equiv \frac{\Gamma_{12}(\tau)}{\sqrt{I_1 I_2}} \tag{5.176}$$

で定義する．したがって，観測点 P における光強度は，

$$I_{\mathrm{P}} = I_1 + I_2 + 2\sqrt{I_1 I_2}\mathrm{Re}[\gamma_{12}(\tau)] \tag{5.177}$$

準単色光に対しては，光路による位相差を $\delta(\tau)$ とすると，

$$\gamma_{12}(\tau) = |\gamma_{12}| \exp\left[\mathrm{i}\delta(\tau)\right] \tag{5.178}$$

と表現できるので，式 (5.177) は，

$$I_{\mathrm{P}} = I_1 + I_2 + 2\sqrt{I_1 I_2}|\gamma_{12}(\tau)|\cos\delta(\tau) \tag{5.179}$$

と表すことができる．

ここで，$|\gamma_{12}| = 1$ の場合には，式 (5.179) は τ だけ時間がずれた正弦波による干渉になり，これをコヒーレント光による干渉という．$|\gamma_{12}| = 0$ の場合には，$I_{\mathrm{P}} = I_1 + I_2$ となり干渉の項は消え，干渉は生じない．この場合を 2 つの光波はインコヒーレントであるという．また，その中間の場合には，$0 < |\gamma_{12}| < 1$ であり，この状態を部分的コヒーレントという．

式 (5.179) の鮮明度 (5.112) を求めると，

$$V = \frac{2\sqrt{I_1 I_2}}{I_1 + I_2}|\gamma_{12}| \tag{5.180}$$

さらに，$I_1 = I_2$ の場合には，

$$V = |\gamma_{12}| \tag{5.181}$$

が成り立つ．つまり，複素コヒーレンス度の絶対値は干渉縞の鮮明度に等しい．

● **時間的コヒーレンス**

単色の正弦波は，一定の角周波数 ω_0 が無限時間継続する波である．では，継続時間が有限の τ_c であった場合はどうだろう．有限時間継続する正弦波の振幅は，

$$u(t) = \begin{cases} u_0 \exp(-i\omega_0 t) & |t| \leq \frac{\tau_c}{2} \\ 0 & |t| > \frac{\tau_c}{2} \end{cases}$$

と表すことができる．このように表される2つの光波に時間 τ_c 以上の時間差が与えられた場合には，両波は正弦波部分が重ね合わされないので干渉はしない．逆に，時間差が τ_c 以内なら干渉すると考えられる．τ_c を可干渉時間と呼ぶ．

この光のスペクトルは，式 (6.3) を参考にすると，

$$\begin{aligned} U(\omega) &= \int_{-\tau_c/2}^{\tau_c/2} u_0 \exp(-i\omega_0 t) \exp(i\omega t) dt \\ &= 2u_0 \frac{\sin[(\omega - \omega_0)\tau_c/2]}{\omega - \omega_0} \end{aligned} \quad (5.182)$$

で与えられる．したがって，スペクトル強度（パワースペクトル）は，

$$P(\omega) = |U(\omega)|^2 \propto \frac{\sin^2[(\omega - \omega_0)\tau_c/2]}{(\omega - \omega_0)^2} \quad (5.183)$$

これを図示すると，図 5.27 が得られる．スペクトルは，角周波数 ω_0 を中心に $-\pi/\tau_c$ から π/τ_c まで広がっているので，スペクトル幅を

$$\Delta\omega = \frac{2\pi}{\tau_c} \quad (5.184)$$

と定義することができる．これを周波数広がりに直すと，

$$\Delta\nu = \frac{1}{\tau_c} \quad (5.185)$$

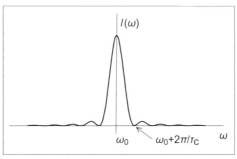

図 5.27 継続時間 τ_c の正弦波のパワースペクトル

可干渉距離は,
$$l_\mathrm{c} = c\tau_\mathrm{c} = \frac{c}{\Delta\nu} = \frac{\lambda\nu}{\Delta\nu} = \frac{\lambda^2}{\Delta\lambda} \tag{5.186}$$
これから,自然線幅
$$\Delta\lambda = \frac{\lambda^2}{l_\mathrm{c}} \tag{5.187}$$
が求められる.分光器によるスペクトルの線幅の測定から,この光の継続時間 τ_c や可干渉距離 l_c が見積もられる.

● 空間的コヒーレンス

これまでは,点光源から発せられる光波のコヒーレンスについて考えてきた.ここでは,広がった光源からの光についての干渉性について考えよう.

図 5.28 のように,広がった光源 σ からの光を観測面上の 2 点 P_1 と P_2 で観測するとする.広がった光源は多数の微小光源 $\mathrm{d}\sigma_m$ から成り立っていると考え,各微小光源からの光は点 P_1 と P_2 では,
$$E_1(t) = \sum_m E_{m1}(t), \quad E_2(t) = \sum_m E_{m2}(t) \tag{5.188}$$
と表すことができるから,相互強度もしくは相互コヒーレンス関数は,
$$\Gamma(P_1,P_2) = \langle E_1(t)E_2^*(t)\rangle = \sum_m \langle E_{m1}(t)E_{m2}^*(t)\rangle + \sum_{m\neq m'}\sum \langle E_{m1}(t)E_{m'2}^*(t)\rangle \tag{5.189}$$
で与えられる.ここで,光源の m 番目の微小光源 $\mathrm{d}\sigma_m$ からの光と別の m' 番目の微小光源 $\mathrm{d}\sigma'_m$ からの光は統計的に独立であると考えられるので,$\langle E_{m1}(t)E_{m'2}^*(t)\rangle = 0$ である.つまり,互いにインコヒーレントであることに注意しよう.同じ点光源からの光による点 P_1 と P_2 で観測される光は独立ではない.広がった光源上の m 番目の微小光源から点 P_1 と P_2 までの距離を,それぞれ,R_{m1}, R_{m2} とす

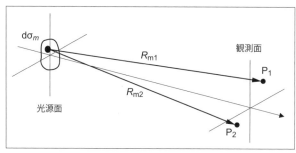

図 5.28 広がった光源からの光波のコヒーレンス

る．このとき，

$$E_{m1}(t) = E_{0m}\left(t - \frac{R_{m1}}{v}\right)\frac{\exp\left[-\mathrm{i}2\pi\bar{\nu}(t - R_{m1}/v)\right]}{R_{m1}} \tag{5.190}$$

と書けるから，

$$\langle E_{m1}(t)E_{m2}^*(t)\rangle$$
$$= \left\langle E_{0m}\left(t - \frac{R_{m1}}{v}\right)E_{0m}^*\left(t - \frac{R_{m2}}{v}\right)\right\rangle\frac{\exp\left[-\mathrm{i}2\pi\bar{\nu}(R_{m2} - R_{m1})/v\right]}{R_{m1}R_{m2}}$$
$$= \left\langle E_{0m}(t)E_{0m}^*\left(t - \frac{R_{m2} - R_{m1}}{v}\right)\right\rangle\frac{\exp\left[-\mathrm{i}2\pi\bar{\nu}(R_{m2} - R_{m1})/v\right]}{R_{m1}R_{m2}}$$
$$\tag{5.191}$$

ここで，光路長差 $R_{m2} - R_{m1}$ が光のコヒーレンス長よりも小さいとすると，時間 $(R_{m2} - R_{m1})/v$ は短いとみなすことができるので，

$$\Gamma(\mathrm{P}_1, \mathrm{P}_2) = \sum_m \langle E_{0m}E_{0m}^*\rangle\frac{\exp\left[-\mathrm{i}2\pi\bar{\nu}(R_{m2} - R_{m1})/v\right]}{R_{m1}R_{m2}} \tag{5.192}$$

が得られる．$\langle E_{0m}E_{0m}^*\rangle$ の項は，広がっている光源の中の m 番目の微小光源の光強度 $I(S_m)\mathrm{d}\sigma$ に等しいと考えられるので，

$$\Gamma(\mathrm{P}_1, \mathrm{P}_2) = \int_\sigma I(S)\frac{\exp\left[-\mathrm{i}2\pi\bar{\nu}(R_{m2} - R_{m1})/v\right]}{R_{m1}R_{m2}}\mathrm{d}S \tag{5.193}$$

が得られる．

複素コヒーレンス関数は，

$$\gamma(\mathrm{P}_1, \mathrm{P}_2) = \frac{1}{\sqrt{I(\mathrm{P}_1)}\sqrt{I(\mathrm{P}_2)}}\int_\sigma I(S)\frac{\exp\left[\mathrm{i}\bar{k}(R_{m2} - R_{m1})\right]}{R_{m2}R_{m1}}\mathrm{d}S \tag{5.194}$$

ただし，

$$I(\mathrm{P}_1) = \Gamma(\mathrm{P}_1, \mathrm{P}_1) = \int_\sigma \frac{I(S)}{R_{m1}}\mathrm{d}S, \quad I(\mathrm{P}_2) = \Gamma(\mathrm{P}_2, \mathrm{P}_2) = \int_\sigma \frac{I(S)}{R_{m2}}\mathrm{d}S, \tag{5.195}$$

$\bar{k} = 2\pi\bar{\nu}/v$ である．

● ファン シッター・ゼルニケの定理

式 (5.193) から，光源の光強度分布 $I(S)$ のフーリエ変換が複素コヒーレンス関数を与えることがわかる．これをファン シッター・ゼルニケの定理という．

● マイケルソンの天体干渉計

マイケルソンは式 (5.194) を用いて恒星の視直径を測定することに成功した．

5.6 回折

今までの光波の反射,屈折,干渉などの現象においては,光波は球面波あるいは無限に広がっている平面波を想定していた.ここでは,光波が有限の幅を持つ開口を通過する場合に見られる現象を考察する.光波は開口があると,開口の裏側に回り込み広がって伝搬する.この現象は回折と呼ばれ,波動特有の現象である.

5.6.1 ホイヘンスの原理による回折の説明

ホイヘンスは光波の伝播について,次のように現象論的な説明を行った.今,図5.29(a)に示すように,ある時刻において波面Wが存在しているとすると,次の時刻の波面W'は,波面W上の各点から2次波が生まれ,この2次波が作る包絡面が次の時刻の波面W'になると説明した.光源が点光源である場合には,図5.29(b)のように球面波として広がることも説明できる.これをホイヘンスの原理と呼ぶ.ホイヘンスの原理によれば,光波の伝播,境界面での反射屈折が説明でき,反射の法則や屈折の法則を導くこともできる.しかし,ホイヘンスの原理では,なぜ2次波が生じるのかやその2次波は前方にのみ包絡面を作るのか,さらに,波動の振幅はどれほどか,の説明がない.

しかし,ホイヘンスの原理による現象論的な説明に,波動の物理的な特性を加味すると,回折の実験結果をよく予測,記述することができる.図5.30に示すように,点光源Sがあり,離れた位置に開口がある,開口と反対側のある点Pで光波の振幅を検出するものとする.点光源Sから開口面上の点Aに到達した球面波

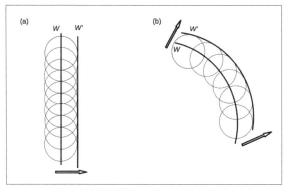

図 5.29 ホイヘンスの原理

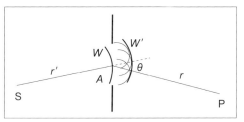

図 5.30 ホイヘンスの原理に基づく回折

は，式 (4.21) より，

$$E_A(r', t) = \frac{E_0}{r'} \exp\left[i(kr' - \omega t)\right] \tag{5.196}$$

で与えられる．ただし，点光源 S における光波の振幅を E_0，SA 間の距離を r'，光波の波数を k，角振動数を ω とする．開口面上の各点は，観測点 P に向かう 2 次波の光源となる．開口面上の点 A から観測点 P に伝播する光の振幅は，

$$E_P = \frac{E_A}{r} \exp(ikr) = \frac{E_0}{r'r} \exp\left[ik(r + r')\right] \cdot e^{-i\omega t} \tag{5.197}$$

ただし，r は AP 間の距離．開口面上の全ての点からの寄与が点 P の光波の振幅を与えるので，

$$E_P = E_0 e^{-i\omega t} \int_S \frac{\exp\left[ik(r' + r)\right]}{r'r} dS \tag{5.198}$$

ただし，S は開口内の領域，dS は微小面積要素である．これがホイヘンスの原理に基づいた回折波の表式である．フレネルやキルヒホッフが導いた回折のスカラー理論が与える式と一致している．

より厳密なスカラー回折式では，傾斜因子が含まれている．この因子により，2 次波が後方には進まないことが説明できる．傾斜因子は

$$\frac{1 + \cos\theta}{2} \tag{5.199}$$

で与えられる．ただし，θ は SA の方向と AP の成す角である．傾斜因子は，$\theta = 0$ の場合には 1 であり，光源 S と観測点 P が直線上にある場合に相当する．$\theta = -\pi$ の場合には 0 であることから，二次波は後方には伝播しないことがわかる．

> **例題 5.6　傾斜因子**
> 傾斜因子，式 (5.199) を図示せよ．ただし，光源 S, 観測点 P, 開口面上の点 A は同じ平面（xy 面）内にあるものとし，SA を x 軸とせよ．

例題 5.6 のプログラム

```
1  import numpy as np
2  import matplotlib.pyplot as plt
3
4  theta = np.linspace(0, 2 * np.pi, 100)
5  x = (1 + np.cos(theta)) / 2 * np.cos(theta)
6  y = (1 + np.cos(theta)) / 2 * np.sin(theta)
7
8  fig, ax = plt.subplots(figsize=(6, 6))
9
10 ax.plot(x, y, "-k")
11 ax.grid()
12 ax.set_aspect("equal")
13 ax.set_xlabel("$x$")
14 ax.set_ylabel("$y$")
15 fig.savefig("inc_factor.png")
```

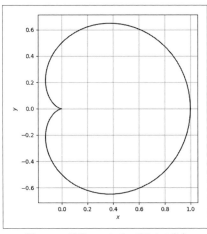

図 5.31　例題 5.6 のプログラムの出力

5.6.2　キルヒホッフの回折式

　キルヒホッフは，マックスウエルが導いた電磁界に対する波動方程式を解き，回折式を導いた．それが，次のようなフレネル・キルヒホッフのスカラー回折式である．

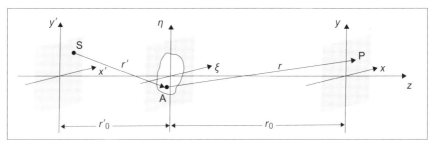

図 5.32 開口からの回折計算のための座標系

$$E_P = \frac{E_0}{i\lambda} e^{-i\omega t} \int_S \left(\frac{1+\cos\theta}{2}\right) \cdot \frac{\exp[ik(r'+r)]}{r'r} dS \quad (5.200)$$

積分の計算が容易になるように,図 5.32 のような配置を考える.光源面,開口面,観測面は互いに平行であるとし,共通の直交軸を z,それぞれ直交座標系 (x',y'),(ξ,η),(x,y) とする.光源面と開口面との距離を r'_0,開口面と観測面の距離を r_0 とする.また,点光源 S と開口内の任意の点 A の距離を r',点 A と観測面上の点 P の距離を r とする.開口の大きさに比べて,光源面と開口面の距離が大きく,光源の位置が光軸に近い場合には $r'=r'_0$ とみなせ,しかも,傾斜因子を 1 とすると,式 (5.200) は,

$$E(x,y,t) = \frac{E_0}{i\lambda} \frac{\exp(ikr'_0)}{r'_0} e^{-i\omega t} \iint_{-\infty}^{\infty} g(\xi,\eta) \frac{\exp(ikr)}{r} d\xi d\eta \quad (5.201)$$

とすることができる.ただし,開口を表す関数を

$$g(\xi,\eta) = \begin{cases} 1 & \text{開口の中} \\ 0 & \text{開口の外} \end{cases}$$

とする.また,

$$r = \sqrt{r_0^2 + (x-\xi)^2 + (y-\eta)^2} \quad (5.202)$$

である.

5.6.3 バビネの原理

図 5.33 に,開口部と遮蔽部が互いに相補的な開口を示す.このような開口から回折場の振幅を E_{Pa} と E_{Pb},両者の和を E_0 とすると,

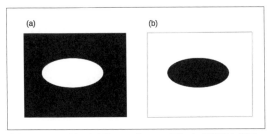

図 5.33 バビネの原理. (a) と (b) は互いに相補的な開口.

$$E_0 = E_{\text{Pa}} + E_{\text{Pb}}$$

となる.これをバビネの原理という.開口全体が遮蔽されている場合,回折場 E_0 の振幅は 0 であるので,

$$E_{\text{Pa}} + E_{\text{Pb}} = 0$$

したがって,相補的な開口に対する回折場の振幅は位相が π 異なる.

5.6.4 フレネル回折

フレネル・キルヒホッフの回折式 (5.200) は,スカラー波に対する回折式であり,開口面から離れた位置における回折式が式 (5.201) である.具体的な回折場の解析を進めるために,開口面から観測面までの距離 r_0 が大きいとして,r を近似する.式 (5.202) から,

$$r = \sqrt{r_0^2 + (x-\xi)^2 + (y-\eta)^2} = r_0\sqrt{1 + \frac{(x-\xi)^2 + (y-\eta)^2}{r_0^2}}$$
$$\approx r_0 + \frac{1}{2}\frac{(x-\xi)^2 + (y-\eta)^2}{r_0} - \frac{1}{8}\frac{\left[(x-\xi)^2 + (y-\eta)^2\right]^2}{r_0^3} + \cdots \quad (5.203)$$

ここで,距離 r の近似を進め,

$$r = r_0 + \frac{1}{2}\frac{(x-\xi)^2 + (y-\eta)^2}{r_0} \quad (5.204)$$

とする.この近似が成立するためには,

$$k \cdot \frac{1}{8}\frac{\left[(x-\xi)^2 + (y-\eta)^2\right]^2}{r_0^3} \ll 2\pi$$

したがって,

$$r_0^3 \gg \frac{1}{8\lambda}\left[(x-\xi)^2 + (y-\eta)^2\right]^2 \quad (5.205)$$

の条件を満たせばよい.

この条件を満たした回折をフレネル回折という. 時間に依存した項を除いたフレネル回折式は, 式 (5.201) と (5.204) を用いて,

$$E(x,y) = C_0 \frac{\exp(ikr_0)}{i\lambda r_0} \int_{-\infty}^{\infty} \int_{-\infty}^{\infty} g(\xi,\eta) \exp\left\{ \frac{i\pi}{\lambda r_0} \left[(x-\xi)^2 + (y-\eta)^2 \right] \right\} d\xi d\eta \tag{5.206}$$

ただし, 積分内の $1/r$ の項は, 積分内では変化が少ないので $1/r_0$ として, 積分の外に出した. さらに,

$$C_0 = E_0 \frac{\exp\left(ikr_0'\right)}{r_0'} \tag{5.207}$$

● **フレネル積分**

開口関数 $g(\xi,\eta)$ が変数分離できる場合には, 式 (5.206) は, ξ と η の積分の積になる. 簡単化のために 1 次元の場合を考えよう. 式 (5.206) の積分をさらに進めるために, 次のような積分を導入しよう.

$$\phi(x) = \int_{\xi_1}^{\xi_2} \exp\left[\frac{i\pi}{\lambda r_0} (\xi - x)^2 \right] d\xi \tag{5.208}$$

さらに,

$$\alpha_1 = \sqrt{\frac{2}{\lambda r_0}}(\xi_1 - x), \qquad \alpha_2 = \sqrt{\frac{2}{\lambda r_0}}(\xi_2 - x) \tag{5.209}$$

を定義すると,

$$\phi(x) = \sqrt{\frac{\lambda r_0}{2}} \left\{ \left[C(\alpha_2) - C(\alpha_1) \right] + i \left[S(\alpha_2) - S(\alpha_1) \right] \right\} \tag{5.210}$$

を得る. ただし,

$$C(\alpha) = \int_0^{\alpha} \cos \frac{\pi \alpha'^2}{2} d\alpha'$$

$$S(\alpha) = \int_0^{\alpha} \sin \frac{\pi \alpha'^2}{2} d\alpha'$$

である. これをフレネル積分という. フレネル積分をプロットすると図 5.34 が得られる. ここで, $C(\infty) = -C(-\infty)$, $S(\infty) = -S(-\infty)$ である.

5.6 回折

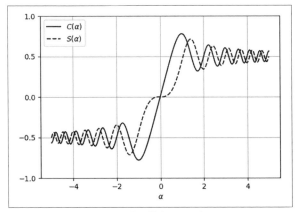

図 5.34 フレネル積分 $C(\alpha)$ と $S(\alpha)$

例題 5.7 コルニューの螺旋

フレネル積分 $C(\alpha)$ と $S(\alpha)$ を横軸と縦軸にしたグラフを描け.これをコルニューの螺旋という.

例題 5.7 のプログラム

```
1  import numpy as np
2  from scipy.special import fresnel
3  import matplotlib.pyplot as plt
4
5  t = np.linspace(-7.5, 7.5, 1000)
6  fs = fresnel(t)[0]
7  fc = fresnel(t)[1]
8  fig, ax = plt.subplots()
9  ax.plot(fc, fs, c = "k")
10 ax.set(xlim=(-1,1), ylim=(-1,1), aspect="equal",
11       xlabel="$C(\u03b1)$", ylabel="$S(\u03b1)$")
12 ax.set_xticks(np.linspace(-1,1,5))
13 ax.set_yticks(np.linspace(-1,1,5))
14 ax.grid()
15 fig.savefig("cornu_spiral.png")
```

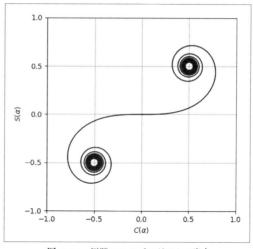

図 5.35 例題 5.7 のプログラムの出力

● ナイフエッジのフレネル回折

ナイフエッジのフレネル回折を考えてみよう．今，図 5.32 の配置において，開口面が $\xi > 0$ の部分が開口で，$\xi < 0$ の部分が遮蔽されているとする．η に対しては一様であるので，式 (5.206) より，定数を無視すると，

$$\begin{aligned}
E_\mathrm{P}(x) &= \int_0^\infty \exp\left[\frac{\mathrm{i}\pi}{\lambda r_0}(\xi - x)^2\right] \mathrm{d}\xi \\
&= \sqrt{\frac{\lambda r_0}{2}} \int_{\alpha_0}^\infty \left[\cos\frac{\pi\alpha^2}{2} + \mathrm{i}\sin\frac{\pi\alpha^2}{2}\right] \mathrm{d}\alpha \\
&= \sqrt{\frac{\lambda r_0}{2}} \left\{\left[\frac{1}{2} + C\left(\sqrt{\frac{2}{\lambda r_0}}x\right)\right] + \mathrm{i}\left[\frac{1}{2} + S\left(\sqrt{\frac{2}{\lambda r_0}}x\right)\right]\right\}
\end{aligned} \quad (5.211)$$

ただし，

$$\alpha_0 = -\sqrt{\frac{2}{\lambda r_0}}x \tag{5.212}$$

そして強度分布は，

$$I(x) = |E_\mathrm{P}(x)|^2 = I_0 \left\{\left[C\left(\sqrt{\frac{2}{\lambda r_0}}x\right) + \frac{1}{2}\right]^2 + \left[S\left(\sqrt{\frac{2}{\lambda r_0}}x\right) + \frac{1}{2}\right]^2\right\} \tag{5.213}$$

ただし，$I_0 = \lambda r_0 / 2$．

例題 5.8 ナイフエッジのフレネル回折

式 (5.213) を用いて, $I(x)/I_0$ をプロットせよ. ただし, $\lambda = 0.63\,\mu\text{m}$, $r_0 = 10\,\mu\text{m}$ とせよ.

例題 5.8 のプログラム

```
1  import numpy as np
2  from scipy.special import fresnel
3  import matplotlib.pyplot as plt
4
5  wave_l = 0.63**(-3)
6  r0 = 10
7
8  x = np.linspace(-10, 40, 400)
9  xx = x * np.sqrt(2/(wave_l * r0))
10 fs, fc = fresnel(xx)
11 I = (1/2 + fc)**2 + (1/2 + fs)**2
12 fig, ax = plt.subplots(figsize=(6, 4))
13 ax.plot(x, I, c="k", linewidth=2)
14 ax.set(xlabel="$x$[mm]", ylabel="$I(x)/I_0$")
15 ax.grid()
16 fig.savefig("fresnel_edge.png")
```

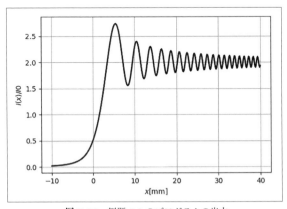

図 5.36 例題 5.8 のプログラムの出力

● 単スリットのフレネル回折

幅 w のスリットのフレネル回折像を計算する．まず，式 (5.208) から出発することにする．スリット幅が w なので，式 (5.209) において，

$$
\alpha_1 = \sqrt{\frac{2}{\lambda r_0}} \left(-\frac{w}{2} - x \right), \qquad \alpha_2 = \sqrt{\frac{2}{\lambda r_0}} \left(\frac{w}{2} - x \right) \tag{5.214}
$$

式 (5.210) に代入すると，

$$
\begin{aligned}
\phi(x) &= \sqrt{\frac{\lambda r_0}{2}} \left\{ \left[C\left(\sqrt{\frac{2}{\lambda r_0}} \left(\frac{w}{2} - x \right) \right) - C\left(\sqrt{\frac{2}{\lambda r_0}} \left(-\frac{w}{2} - x \right) \right) \right] \right. \\
&\quad \left. + \mathrm{i} \left[S\left(\sqrt{\frac{2}{\lambda r_0}} \left(\frac{w}{2} - x \right) \right) - S\left(\sqrt{\frac{2}{\lambda r_0}} \left(-\frac{w}{2} - x \right) \right) \right] \right\} \\
&= \sqrt{\frac{\lambda r_0}{2}} \left\{ \left[C\left(\sqrt{\frac{2}{\lambda r_0}} \left(x + \frac{w}{2} \right) \right) - C\left(\sqrt{\frac{2}{\lambda r_0}} \left(x - \frac{w}{2} \right) \right) \right] \right. \\
&\quad \left. + \mathrm{i} \left[S\left(\sqrt{\frac{2}{\lambda r_0}} \left(x + \frac{w}{2} \right) \right) - S\left(\sqrt{\frac{2}{\lambda r_0}} \left(x - \frac{w}{2} \right) \right) \right] \right\} \tag{5.215}
\end{aligned}
$$

回折像の強度分布は，

$$
\begin{aligned}
I(x) = |\phi(x)|^2 = \frac{\lambda r_0}{2} \left\{ \left[C\left(\sqrt{\frac{2}{\lambda r_0}} \left(x + \frac{w}{2} \right) \right) - C\left(\sqrt{\frac{2}{\lambda r_0}} \left(x - \frac{w}{2} \right) \right) \right]^2 \right. \\
\left. + \left[S\left(\sqrt{\frac{2}{\lambda r_0}} \left(x + \frac{w}{2} \right) \right) - S\left(\sqrt{\frac{2}{\lambda r_0}} \left(x - \frac{w}{2} \right) \right) \right]^2 \right\}
\end{aligned} \tag{5.216}
$$

図 5.37 に式 (5.216) の計算例を示す．

● 円形開口のフレネル回折

円形開口のフレネル回折像を計算するためには，式 (5.206) を極座標表示する必要がある．

$$
x = \rho \cos\phi, \qquad y = \rho \sin\phi
$$

$$
\xi = r \cos\theta, \qquad \eta = r \sin\theta
$$

とすると，式 (5.206) は，$C_0' = C_0 \cdot \frac{\exp(\mathrm{i}kr_0)}{\mathrm{i}\lambda r_0}$ として，

$$
\begin{aligned}
&E_{\mathrm{P}}(\rho, \phi) \\
&= C_0' \int_0^{2\pi} \int_0^R \exp\left\{ \frac{\mathrm{i}\pi}{\lambda r_0} \left[(\rho\cos\phi - r\cos\theta)^2 + (\rho\sin\phi - r\sin\theta)^2 \right] \right\} r \mathrm{d}r \mathrm{d}\theta
\end{aligned}
$$

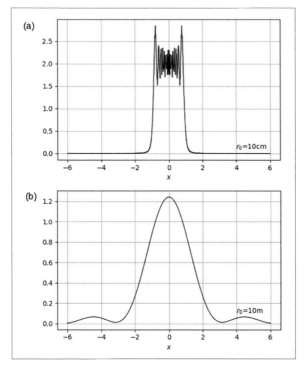

図 5.37 式 (5.216) の出力. $w = 2\,\mathrm{mm}$, $\lambda = 0.63\,\mathrm{\mu m}$. (a)：$r_0 = 10\,\mathrm{cm}$, (b)：$r_0 = 10\,\mathrm{m}$.

$$= C_0' \exp\left(\frac{\mathrm{i}\pi\rho^2}{\lambda r_0}\right) \int_0^{2\pi} \int_0^R \exp\left(\frac{\mathrm{i}\pi r^2}{\lambda r_0}\right) \exp\left\{-\frac{\mathrm{i}2\pi}{\lambda r_0}[r\rho\cos(\theta-\phi)]\right\} r\mathrm{d}r\mathrm{d}\theta \tag{5.217}$$

ここで，

$$J_0(x) = \frac{1}{2\pi} \int_0^{2\pi} \mathrm{e}^{\mathrm{i}x\cos\theta} \mathrm{d}\theta \tag{5.218}$$

で定義される 0 次のベッセル関数 $J_0(x)$ を使うと，回折像の振幅分布は，

$$\begin{aligned}E_\mathrm{P}(\rho) &= C_0' \exp\left(\frac{\mathrm{i}\pi\rho^2}{\lambda r_0}\right) \int_0^R \exp\left(\frac{\mathrm{i}\pi r^2}{\lambda r_0}\right) 2\pi J_0\left(\frac{2\pi r\rho}{\lambda r_0}\right) r\mathrm{d}r \\ &= 2\pi R^2 C_0' \exp\left(\frac{\mathrm{i}\pi\rho^2}{\lambda r_0}\right) \int_0^1 \exp\left(\frac{\mathrm{i}\pi R^2}{\lambda r_0}r^2\right) J_0\left(\frac{2\pi R\rho}{\lambda r_0}r\right) r\mathrm{d}r \end{aligned} \tag{5.219}$$

となる．回折像強度は，$I(\rho, r_0) = |E_\mathrm{P}(\rho, r_0)|^2$ である．

ここで，軸上での回折像強度は，

$$I(0, r_0) = \left| 2\pi R^2 C_0' \int_0^1 \exp\left(\frac{i\pi R^2}{\lambda r_0} r^2\right) r \mathrm{d}r \right|^2$$

$$= \left| 2\pi R^2 C_0' \frac{\lambda r_0}{\pi R^2} \exp\left(\frac{i\pi R^2}{2\lambda r_0}\right) \sin\left(\frac{i\pi R^2}{2\lambda r_0}\right) \right|^2$$

$$= I_0 \sin^2\left(\frac{\pi R^2}{2\lambda r_0}\right) \tag{5.220}$$

ただし，$I_0 = |2\lambda r_0 C_0'|^2$. ここで，フレネル数 $N_\mathrm{f} = R^2/(\lambda r_0)$ を定義すると，

$$I(0, r_0) = I_0 \sin^2\left(\frac{\pi}{2} N_\mathrm{f}\right) \tag{5.221}$$

が得られる．つまり，フレネル数 N_f が奇数のとき，$I(0, r_0)$ は極大値をとり，偶数のとき 0 になる．

例題 5.9　円形開口のフレネル回折

式 (5.219) を用いて，円形開口のフレネル回折像強度分布をプロットせよ．定数項は無視し，強度分布は回転対称なので一方向に対する分布でよい．ただし，$\lambda = 0.6328\,\mathrm{\mu m}$，$R = 1\,\mathrm{mm}$ とせよ．

フレネル係数 $N_\mathrm{f} = 3$ の場合のプログラムを次に示す．図 5.38 に，$N_\mathrm{f} = 3$ と $N_\mathrm{f} = 6$ の場合の回折像強度分布を示す．

例題 5.9 のプログラム

```
1   from scipy.integrate  import quad
2   from scipy.special import jv
3   import matplotlib.pyplot as plt
4   import numpy as np
5
6   def funcc(r, a, b): # 被積分関数の実数部
7       return np.cos(a * r**2) * jv(0, b * r) * r
8
9   def funcs(r, a, b): # 被積分関数の虚数部
10      return np.sin(a * r**2) * jv(0, b * r) * r
11
12  wave_l = 0.632 * 10**(-3)
13  R = 1    # 円形開口の半径
14
15  Nf = 3   # フレネル数
16  r0 = R**2/(wave_l * Nf) # 開口面と観測面の距離
17
```

```
18  Nrho = 1000 # 標本点数
19  rho = np.linspace(-7.5, 7.5, Nrho)
20  valuec = np.arange(0)
21  values = np.arange(0)
22
23  a = np.pi * R**2 /(wave_l * r0)
24  for i in range(Nrho):
25      b = 2 * np.pi * R * rho[i] / (wave_l * r0)
26      vc, error = quad(funcc, 0, 1, args = (a, b))
27      vs, error = quad(funcs, 0, 1, args = (a, b))
28      valuec = np.append(valuec, vc)
29      values = np.append(values, vs)
30
31  I = (valuec)**2 + (values)**2
32  Imax = np.max(I)
33  fig, ax = plt.subplots()
34  ax.plot(rho, I/Imax, "-k", linewidth=1.5, \
35          label="Max Intensity: {:#.2g}".format(Imax))
36  ax.legend(loc="upper right")
37  ax.grid()
38  ax.set_xlabel(r"$\rho$")
39  ax.set_title("Fresnel number = {:#}".format(Nf))
40  fig.savefig("fresnel_circ.png")
```

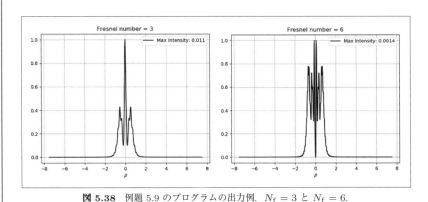

図 5.38 例題 5.9 のプログラムの出力例. $N_f = 3$ と $N_f = 6$.

5.6.5 フラウンホーファー回折

開口面から観測面までの距離 r_0 が式 (5.204) の条件を満たす場合の回折をフ

レネル回折といった．距離 r_0 がさらに大きくなった場合の回折を考えてみよう．このとき，式 (5.204) の ξ と η の 2 乗の項を無視すると，

$$r = r_0 + \frac{1}{2}\frac{(x-\xi)^2 + (y-\eta)^2}{r_0} \approx r_0 - \frac{x\xi + y\eta}{r_0} + \frac{x^2 + y^2}{2r_0} \tag{5.222}$$

この近似が成り立つためには，

$$r_0 \gg \frac{\xi^2 + \eta^2}{2\lambda} \tag{5.223}$$

したがって，回折式 (5.206) は，

$$E(x,y) = C_0 \exp\left[\frac{\mathrm{i}\pi\left(x^2 + y^2\right)}{\lambda r_0}\right]\int_{-\infty}^{\infty}\int_{-\infty}^{\infty}g(\xi,\eta)\exp\left[-\frac{\mathrm{i}2\pi}{\lambda r_0}(x\xi + y\eta)\right]\mathrm{d}\xi\mathrm{d}\eta \tag{5.224}$$

この状態の回折をフラウンホーファー回折という．

ここで，

$$\nu_x = \frac{x}{\lambda r_0}, \qquad \nu_y = \frac{y}{\lambda r_0} \tag{5.225}$$

とおくと，式 (5.224) の積分部分は，

$$G\left(\nu_x, \nu_y\right) = \int_{-\infty}^{\infty}\int_{-\infty}^{\infty}g(\xi,\eta)\exp\left[-\mathrm{i}2\pi\left(\nu_x\xi + \nu_y\eta\right)\right]\mathrm{d}\xi\mathrm{d}\eta \tag{5.226}$$

となり，6.1 節で述べるフーリエ変換の形になる．したがって，式 (5.224) は，

$$E(x,y) = C_0 \exp\left[\frac{\mathrm{i}\pi\left(x^2 + y^2\right)}{\lambda r_0}\right] \cdot G\left(\frac{x}{\lambda r_0}, \frac{y}{\lambda r_0}\right) \tag{5.227}$$

積分外の項は強度を計算するときは定数になるので，通常は無視できる．結局，フラウンホーファー回折は，

$$\begin{aligned}
E(x,y) &= \int_{-\infty}^{\infty}\int_{-\infty}^{\infty}g(\xi,\eta)\exp\left[-\frac{\mathrm{i}2\pi}{\lambda r_0}(x\xi + y\eta)\right]\mathrm{d}\xi\mathrm{d}\eta \\
&= G\left(\frac{x}{\lambda r_0}, \frac{y}{\lambda r_0}\right)
\end{aligned} \tag{5.228}$$

と書ける．

● 単スリットのフラウンホーファー回折

幅 w の単スリットのフラウンホーファー回折を計算しよう．ここでは，式 (5.224) を直接計算してみよう．積分外の項を省略すると，

$$E(x) = \int_{-\infty}^{\infty}g(\xi,\eta)\exp\left(-\frac{\mathrm{i}2\pi}{\lambda r_0}x\xi\right)\mathrm{d}\xi$$

$$= \int_{-w/2}^{w/2} \exp\left(-\frac{\mathrm{i}2\pi}{\lambda r_0} x\xi\right) \mathrm{d}\xi$$

$$= \frac{\exp\left[-\mathrm{i}\pi wx/(\lambda r_0)\right] - \exp\left[\mathrm{i}\pi wx/(\lambda r_0)\right]}{-\mathrm{i}2\pi x/(\lambda r_0)}$$

$$= \frac{\sin(\pi wx/(\lambda r_0))}{\pi x/(\lambda r_0)} = w\mathrm{sinc}\left(\frac{wx}{\lambda r_0}\right) \tag{5.229}$$

ただし,

$$\mathrm{sinc}(x) \equiv \frac{\sin \pi x}{\pi x} \tag{5.230}$$

回折像の強度分布は,

$$I(x) = |E(x,y)|^2 = w^2 \mathrm{sinc}^2\left(\frac{wx}{\lambda r_0}\right) \tag{5.231}$$

で与えられる. これを図示すると図 5.39 になる. 回折像の強度分布は,

$$\frac{wx}{\lambda r_0} = m, \quad m = \pm 1, \pm 2, \ldots \tag{5.232}$$

で 0 となる. 中心の明部の大きさ Δx を回折像の中心から最初の暗部までの距離とすると,

$$\Delta x = \frac{\lambda r_0}{w} \tag{5.233}$$

となり, スリット幅に逆比例し, 波長に比例する.

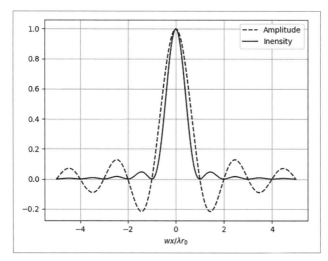

図 5.39 単スリットのフラウンホーファー回折の振幅分布と強度分布. 規格化されている.

● **矩形開口のフラウンホーファー回折**

幅が w_x, w_y の矩形開口のフラウンホーファー回折像の振幅分布は，式 (5.228) より，

$$E(x, y) = \int_{-w_y/2}^{w_y/2} \int_{-w_x/2}^{w_x/2} g(\xi, \eta) \exp\left[-\frac{\mathrm{i}2\pi}{\lambda r_0}(x\xi + y\eta)\right] \mathrm{d}\xi \mathrm{d}\eta$$

$$= \frac{\sin\left(\frac{\pi w_x}{\lambda r_0}x\right)}{\frac{\pi}{\lambda r_0}x} \cdot \frac{\sin\left(\frac{\pi w_y}{\lambda r_0}y\right)}{\frac{\pi}{\lambda r_0}y}$$

$$= w_x w_y \mathrm{sinc}\left(\frac{w_x}{\lambda r_0}x\right) \cdot \mathrm{sinc}\left(\frac{w_y}{\lambda r_0}y\right) \tag{5.234}$$

回折像の強度分布は，

$$I(x, y) = |E(x, y)|^2 \tag{5.235}$$

である．開口幅が $w_x = w_y/2$ の場合のフラウンホーファー回折像強度分布を図 5.40 に示す．

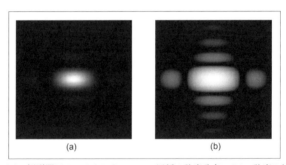

図 5.40 (a)：矩形開口のフラウンホーファー回折の強度分布．(b)：強度の対数値分布

例題 5.10 複矩形開口のフラウンホーファー回折

幅 w の矩形開口が 2 つ間隔 d で並んでいる場合のフラウンホーファー回折像強度を計算しそれを図示せよ．ただし，$d > w$ である．

式 (5.224) の積分外の項を無視すると，

$$E(x, y) = \int_{-w/2}^{w/2} \int_{-d/2-w/2}^{-d/2+w/2} \exp\left[-\frac{\mathrm{i}2\pi}{\lambda r_0}(x\xi + y\eta)\right] \mathrm{d}\xi \mathrm{d}\eta$$

$$+ \int_{-w/2}^{w/2} \int_{d/2-w/2}^{d/2+w/2} \exp\left[-\frac{\mathrm{i}2\pi}{\lambda r_0}(x\xi + y\eta)\right] \mathrm{d}\xi\mathrm{d}\eta$$

$$= \left[\frac{\exp\left(-\frac{\mathrm{i}2\pi}{\lambda r_0}x\xi\right)}{-\frac{\mathrm{i}2\pi}{\lambda r_0}x}\right]_{-d/2-w/2}^{-d/2+w/2} \cdot \left[\frac{\exp\left(-\frac{\mathrm{i}2\pi}{\lambda r_0}y\eta\right)}{-\frac{\mathrm{i}2\pi}{\lambda r_0}y}\right]_{-w/2}^{w/2}$$

$$+ \left[\frac{\exp\left(-\frac{\mathrm{i}2\pi}{\lambda r_0}x\xi\right)}{-\frac{\mathrm{i}2\pi}{\lambda r_0}x}\right]_{d/2-w/2}^{d/2+w/2} \cdot \left[\frac{\exp\left(-\frac{\mathrm{i}2\pi}{\lambda r_0}y\eta\right)}{-\frac{\mathrm{i}2\pi}{\lambda r_0}y}\right]_{-w/2}^{w/2}$$

$$= \frac{\sin\frac{\pi w}{\lambda r_0}x}{\frac{\pi}{\lambda r_0}x} \cdot \frac{\sin\frac{\pi w}{\lambda r_0}y}{\frac{\pi}{\lambda r_0}y} \cdot \exp\left(\frac{\mathrm{i}\pi d}{\lambda r_0}x\right)$$

$$+ \frac{\sin\frac{\pi w}{\lambda r_0}x}{\frac{\pi}{\lambda r_0}x} \cdot \frac{\sin\frac{\pi w}{\lambda r_0}y}{\frac{\pi}{\lambda r_0}y} \cdot \exp\left(-\frac{\mathrm{i}\pi d}{\lambda r_0}x\right)$$

$$= 2w^2 \mathrm{sinc}\left(\frac{w}{\lambda r_0}x\right) \cdot \mathrm{sinc}\left(\frac{w}{\lambda r_0}y\right) \cdot \cos\left(\frac{\pi d}{\lambda r_0}x\right) \tag{5.236}$$

$d = 4w$ の場合のプログラムを, プログラム 5.10 に示す. ここで, $w = \lambda r_0$ とした. 図 5.41 に回折像強度分布を示す.

例題 5.10 のプログラム

```
1   import numpy as np
2   import matplotlib.pyplot as plt
3
4   N = 401
5
6   x = np.linspace(-3, 3, N)
7   y = np.linspace(-3, 3, N)
8   X, Y = np.meshgrid(x, y)
9   Z = np.sinc(X)**2 * np.sinc(Y)**2 * np.cos(4 * np.pi * X)**2
10  Zlog = np.log10(Z)
11
12  mask = Zlog > -2.5
13  Zlog[mask == False] = -2.5
14
15  fig, ax = plt.subplots()
16  ax.set(xticks=[], yticks=[])
17  ax.imshow(Zlog, cmap="gray")
18
19  fig.savefig("fraun_2rect.png")
```

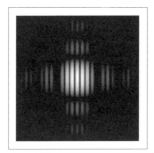

図 5.41 例題 5.10 のプログラムの出力例

● **円形開口のフラウンホーファー回折**

円形開口の場合には，開口が回転対称であるので，極座標で考えよう．簡単化のため，式 (5.224) の積分部分のみを考えると，式 (5.217) と同様に，

$$E_{\mathrm{P}}(\rho, \phi) = \int_0^{2\pi} \int_0^R \exp\left\{-\frac{\mathrm{i}2\pi}{\lambda r_0}[r\rho\cos(\theta - \phi)]\right\} r \mathrm{d}r\mathrm{d}\theta \tag{5.237}$$

ここで，0 次のベッセル関数 (5.218) を用いると，

$$E_{\mathrm{P}}(\rho) = 2\pi \int_0^R J_0\left(\frac{2\pi\rho r}{\lambda r_0}\right) r \mathrm{d}r \tag{5.238}$$

さらに，$J_1(z)$ を 1 次のベッセル関数であるとして，公式

$$\frac{\mathrm{d}}{\mathrm{d}z}[zJ_1(z)] = zJ_0(z) \tag{5.239}$$

を使うと，積分ができて，

$$E_{\mathrm{P}}(\rho) = \pi R^2 \frac{2J_1\left(\frac{2\pi R\rho}{\lambda r_0}\right)}{\frac{2\pi R\rho}{\lambda r_0}} \tag{5.240}$$

強度分布は

$$I(\rho) = |E_{\mathrm{P}}(\rho)|^2 = \pi^2 R^4 \frac{4J_1^2\left(\frac{2\pi R\rho}{\lambda r_0}\right)}{\left(\frac{2\pi R\rho}{\lambda r_0}\right)^2} \tag{5.241}$$

が得られる．これを図示すると，図 5.42 が得られる．(a) は 2 次元の強度分布，(b) はその対数表示，(c) は断面の強度分布．大部分の光エネルギーは，最初の零点を半径とする円内にあることがわかる．この領域をエアリーの円盤と呼ぶ．エアリーの円盤の大きさを円の半径 $\Delta\rho$ で表すと，

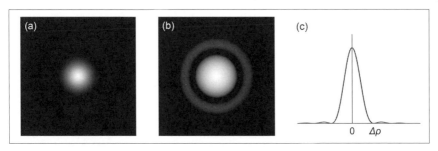

図 5.42 円形開口のフラウンホーファー回折強度．(a)：強度像，(b)：強度像の対数表示，(c)：強度像の断面

$$\Delta\rho = 1.22\frac{\lambda r_0}{D} \quad (5.242)$$

ただし，D は円形開口の直径である．円形開口のフラウンホーファー回折光の角度広がり（角半径）は，

$$\Delta\theta = 1.22\frac{\lambda}{D} \quad (5.243)$$

である．

5.6.6 光学系の分解能

遠方の点光源の像は，光学系の焦点面に形成される．無収差の光学系でも，回折によってこの点像には広がりが生じる．光学系の射出瞳を開口とするフラウンホーファー回折が点像分布を与える．通常，光学系の射出瞳は円形であるので，射出瞳の直径を D とすると，角半径は式 (5.243) で与えられる．したがって，光学系の焦点距離を f' とすれば，点像の大きさは，

$$\Delta\rho = 1.22\frac{\lambda f'}{D} \quad (5.244)$$

で与えられる．

2 つの点光源がどのくらい近づいても 2 点と区別できるかで，光学系の分解能を定義することができる．レーレーは点像の強度分布が式 (5.244) で表されるとき，2 点が区別できる限界は，一方の点像の零点が他方の点像の中心まで接近したときであるとした．これをレーレーの基準という．図 5.43 にレーレーの基準まで接近した 2 つの点像の強度分布を示す．この基準に従えば，分解能は

$$Res = 1.22\frac{\lambda f'}{D} \quad (5.245)$$

で与えられる．f'/D を F ナンバーという．

解像力は分解能の逆数で定義される．

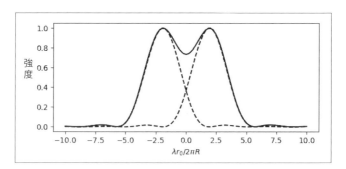

図 5.43 レーレーの基準. 2 つの点光源の像が分解できる限界. 実線: レーレー基準まで接近した 2 つの点光源の強度分布. 点線: 各々の点像の強度分布.

5.6.7 回折格子

きわめて細いスリットを多数等間隔に並べた素子を回折格子という. 分光素子として利用される. スリット幅が w, スリット間隔が d, スリット数 N の場合のフラウンホーファー回折を考えよう. 複開口のフラウンホーファー回折式 (5.236) を参考にすると,

$$\begin{aligned}
E(x) &= \int_{-w/2}^{w/2} \exp\left(-\frac{\mathrm{i}2\pi}{\lambda r_0}x\xi\right)\mathrm{d}\xi + \int_{d-w/2}^{d+w/2} \exp\left(-\frac{\mathrm{i}2\pi}{\lambda r_0}x\xi\right)\mathrm{d}\xi \\
&\quad + \int_{2d-w}^{2d+w/2} \exp\left(-\frac{\mathrm{i}2\pi}{\lambda r_0}x\xi\right)\mathrm{d}\xi + \cdots + \int_{(N-1)d-w/2}^{(N-1)d+w/2} \exp\left(-\frac{\mathrm{i}2\pi}{\lambda r_0}x\xi\right)\mathrm{d}\xi \\
&= \frac{\sin\frac{\pi w}{\lambda r_0}x}{\frac{\pi}{\lambda r_0}x} \cdot \left\{1 + \exp\left(-\frac{\mathrm{i}2\pi d}{\lambda r_o}x\right) + \cdots + \exp\left[-\frac{\mathrm{i}2\pi(N-1)d}{\lambda r_o}x\right]\right\} \\
&= w\,\mathrm{sinc}\left(\frac{w}{\lambda r_0}x\right) \cdot \frac{1 - \exp\left(-\frac{\mathrm{i}2\pi Nd}{\lambda r_0}x\right)}{1 - \exp\left(-\frac{\mathrm{i}2\pi d}{\lambda r_0}x\right)}
\end{aligned} \quad (5.246)$$

強度分布は,

$$I(x) = |E(x)|^2 = w^2 \mathrm{sinc}^2\left(\frac{w}{\lambda r_0}x\right)\frac{\sin^2\left(\frac{\pi Nd}{\lambda r_0}x\right)}{\sin^2\left(\frac{\pi d}{\lambda r_0}x\right)} \quad (5.247)$$

である.

式 (5.247) の回折格子の強度分布は, スリット幅 w で決まる項 $w^2 \mathrm{sinc}^2\left(\frac{w}{\lambda r_0}x\right)$ とスリット間隔 d とスリット数 N で決まる項 $\sin^2\left(\frac{\pi Nd}{\lambda r_0}x\right) / \sin^2\left(\frac{\pi d}{\lambda r_0}x\right)$ の積である.

5.6 回　　折

例題 5.11　回折格子のフラウンホーファー回折

式 (5.247) を図示せよ.

プログラムを次に示す.

例題 5.11 のプログラム

```python
import numpy as np
import matplotlib.pyplot as plt

def f(x, d, N):
    A = np.sin(N * d * x)**2 / N**2
    B = np.sin(d * x)**2
    C = A / B
    C = np.divide(A, B, out=np.ones_like(B), where=B!=0)
    return C

nx = 4001
w = 0.1
d = 1

x = np.linspace(-10,10, nx)

fig, ax = plt.subplots(2)

N = 10
ax[0].plot(x, f(x, d, N-1), "--k", linewidth = 0.5)
ax[0].plot(x, np.sinc(w * x)**2, "-k", linewidth = 0.5)
ax[0].plot(x, f(x, d, N-1) * np.sinc(w * x)**2, "-k")
ax[0].grid()
ax[0].set_title("$N$ = 10", loc="right")
ax[0].set_xlabel("$x$")
ax[0].set_aspect(6)

N = 100
ax[1].plot(x, f(x, d, N-1), "--k", linewidth = 0.5)
ax[1].plot(x, np.sinc(w * x)**2, "-k", linewidth = 0.5)
ax[1].plot(x,f(x, d, N-1) * np.sinc(w * x)**2, "-k")
ax[1].grid()
ax[1].set_title("$N$ = 100", loc="right")
ax[1].set_xlabel("$x$")
ax[1].set_aspect(6)

fig.savefig("grating.png")
```

行 8 は，Python で 0 で割ることを回避するために関数 np.divide() を用いている．where 引数を使って，B の要素が 0 でない場合のみ割り算を実行する．out 引数によって B の要素が 0 の場合に，B と同じ型の要素が 1 のリストが出力される．なお，Numpy には，関数 sinc() がある．

図 5.44 に，スリット数 $N = 10$ と $N = 100$ の回折格子のフラウンホーファー回折像強度分布を示す．細線は 1 個のスリットの回折像分布．点線はスリット列による回折像分布である．この回折像強度分布は多数のピークからなり，スリット数 N が増えるとピーク幅は狭まる．ピークの間隔はスリット間隔 d で決まる．

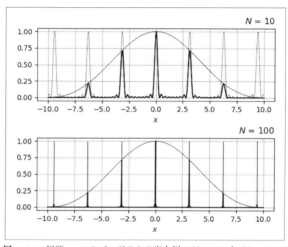

図 5.44 例題 5.11 のプログラムの出力例．$N = 10$ と $N = 100$.

多数のスリットからなる回折格子では，ピーク幅が極めて狭くなる．異なる波長の光が入射した場合には，異なる位置にピークが現れる．回折格子の波長分解能を上げるためにはきわめて多数の格子（スリット）からなる回折格子を用いる必要がある．

回折像に現れるピークは，光軸上のピークが一番強度が大きく，次第に強度が小さくなる．中央のピークを 0 次回折，その外側を順次 ± 1, ± 2 などと呼ぶ．m 次のピーク位置は，$\sin \frac{\pi dx}{\lambda r_0} = 0$ より，

$$\frac{\pi dx}{\lambda r_0} = \pi m \tag{5.248}$$

が得られる．m は回折次数と呼ばれる．したがって，波長の変化 $\Delta\lambda$ によるピーク位置の変化 Δx は，

$$\Delta x = \frac{mr_0}{d}\Delta\lambda \tag{5.249}$$

一方，回折ピークの幅は，$\sin^2\left(\frac{\pi Nd}{\lambda r_0}x\right) = 0$ より，

$$\frac{\pi Nd}{\lambda r_0}x = \pi \tag{5.250}$$

これより，ピーク幅 δx は回折次数に関係なく，

$$\delta x = \frac{r_0}{Nd}\lambda \tag{5.251}$$

　回折格子が，波長を分解するためには，回折ピークの幅 δx よりも波長変化によるピーク位置のずれ Δx が大きい必要がある．$\Delta x = \delta x$ の場合が限界であるとすると，回折格子の波長分解能は，式 (5.249) と (5.251) より，

$$\frac{\lambda}{\Delta\lambda} = \frac{\frac{Nd}{dr_0}\delta x}{\frac{d}{mr_0}\Delta x} = mN \tag{5.252}$$

回折格子の波長分解能は，格子の数 N と回折次数 m のみによって決まる．

5.6.8　フレネルのゾーンプレート

　回折格子で，開口列に入射し回折した光は特定の方向に進む．では，回折した後，特定の1点に収束させることは可能であろうか．このためには，各開口で回折された光が特定の1点で加算的に干渉する必要がある．図 5.45 を用いて，1点で加算的な干渉が起こる条件を考えよう．

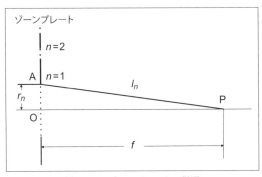

図 5.45　ゾーンプレートの説明

開口面から距離 f 離れた点 P に回折光を収束させるとする．この系では，点 P から開口面に下ろした垂線の足を O とすると，軸 PO に対して回転対称であることに注意．したがって，開口の形は円形もしくは円環になる．開口面上の点 A から点 O までの距離を r とすると，点 A から点 P までの距離は $\sqrt{r^2+f^2} \approx f+r^2/(2f)$ であるので，点 P では，点 A から回折してくる光波と光軸上を直進してくる光波の光路長差が $r^2/2f$ であることに注目すると，点 A からの光が点 P で加算的な干渉を起こす条件は，

$$(n-1)\frac{\lambda}{2} < \frac{r^2}{2f} < n\frac{\lambda}{2} \quad (n=1,2,\ldots) \tag{5.253}$$

である．この条件を満たす n 番目の円環の半径を r_n とすると，

$$r_n = \sqrt{n\lambda f} \tag{5.254}$$

である．これを図示すると図 5.46 が得られる．また，5.6.3 項で述べたバビネの原理に従うと，これに相補的な図形も点 P に焦点を結ぶ．

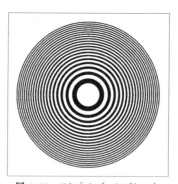

図 5.46　フレネルゾーンプレート

6 │ フーリエ光学

　波動光学の多くの事象はフーリエ変換で定式化でき，解析することができる．
特にフラウンホーファー回折は，フーリエ変換で表すことができ，レンズによっ
ても光学的フーリエ変換が実現できる．また，結像の性質はフーリエ変換によっ
て解析することができる．周波数解析により光学系の特性を明瞭に理解すること
ができる．さらに，ホログラフィにおいてもフーリエ変換が重要な役割を示す．
このような，フーリエ変換を基盤とした光学の分野をフーリエ光学という．

　ここでは，フーリエ光学に関する事項を数値化フーリエ変換によって議論する
ため，フーリエ変換の基本とコンボリューション積分について説明し，標本化定理
と Python による高速フーリエ変換を述べる．さらに，波動光学の諸現象をフー
リエ変換によって統一的に議論する．

6.1 フーリエ変換

　波数 k が異なる多数の平面波を重ね合わせた場合を考えてみよう．4.3.2 項で
の議論からこのときの波は式 (4.27) のように書ける．時間の項を無視して，波数
k の波の振幅 U が波数によって異なっている場合には，

$$u(x) = \int_{k_1}^{k_2} U(k)\cos(kx)\mathrm{d}k \tag{6.1}$$

と表すことができる．これを複素表示して，さらに波数が無限に広がっている場
合には，

$$u(x) = \int_{-\infty}^{\infty} U(k)\exp(\mathrm{i}kx)\mathrm{d}k \tag{6.2}$$

と書ける．関数 $u(x)$ から逆に関数 $U(k)$ を求めることができる．

$$U(k) = \frac{1}{2\pi}\int_{-\infty}^{\infty} u(x)\exp(-\mathrm{i}kx)\mathrm{d}x \tag{6.3}$$

関数 $U(k)$ は関数 $u(x)$ のフーリエ変換であるという．フーリエ変換を，

$$U(k) = \mathcal{F}[u(x)] \tag{6.4}$$

のように書くこともある．$\mathcal{F}[\cdots]$ はフーリエ変換演算子と呼ばれる．一方，式 (6.2) は，逆フーリエ変換と呼ばれ，

$$u(x) = \mathcal{F}^{-1}[U(k)] \tag{6.5}$$

と書かれる．

ここで，$U(k)$ は，関数 $u(x)$ のフーリエスペクトルとも呼ばれる．

フーリエ変換は 2 次元に拡張できる．すなわち，

$$U(k_x, k_y) = \frac{1}{(2\pi)^2} \iint_{-\infty}^{\infty} u(x, y) \exp\left[-i(k_x x + k_y y)\right] dx dy \tag{6.6}$$

$$u(x, y) = \iint_{-\infty}^{\infty} U(k_x, k_y) \exp\left[i(k_x x + k_y y)\right] dk_x dk_y \tag{6.7}$$

フラウンホーファー回折の式 (5.226) は，

$$E(x, y) = \iint_{-\infty}^{\infty} g(\xi, \eta) \exp\left[-i2\pi(\nu_x \xi + \nu_y \eta)\right] d\xi d\eta$$
$$= G(\nu_x, \nu_y) \tag{6.8}$$

と書ける．ただし，

$$\nu_x = \frac{x}{\lambda r_0}, \qquad \nu_y = \frac{y}{\lambda r_0} \tag{6.9}$$

つまり，フラウンホーファー回折は開口 $g(\xi, \eta)$ のフーリエ変換になっている．ここで，ν_x，ν_y は空間周波数と呼ばれる．

フーリエ変換は，式 (6.6) や式 (5.228) のように，異なったスタイルで定義される．本書においては，光学現象，特に回折現象を取り扱う場合に便利なように，次の形で，フーリエ変換を定義する．

$$G(\nu_x, \nu_y) = \iint_{-\infty}^{\infty} g(x, y) \exp\left[-i2\pi(\nu_x x + \nu_y y)\right] dx dy \tag{6.10}$$

このときの逆フーリエ変換は，

$$g(x, y) = \int_{-\infty}^{\infty} \int_{-\infty}^{\infty} G(\nu_x, \nu_y) \exp\left[i2\pi(\nu_x x + \nu_y y)\right] d\nu_x d\nu_y \tag{6.11}$$

この形でフーリエ変換を定義すると，順変換，逆変換とも $1/(2\pi)^2$ の項が付かな

6.1 フーリエ変換　　181

いことに注意せよ．フーリエ変換演算子 $\mathcal{F}$ を使うと，

$$G(\nu_x, \nu_y) = \mathcal{F}[g(x,y)], \qquad g(x,y) = \mathcal{F}^{-1}[G(\nu_x, \nu_y)] \tag{6.12}$$

が得られる．習慣的に，実空間の関数を $g(x,y)$ のように小文字で，それに対応するスペクトル空間の関数を大文字 $G(\nu_x, \nu_y)$ で表すことが多い．

6.1.1　フーリエ変換の性質
フーリエ変換には次のような性質がある．
● 線 形 性
a_1, a_2 を定数とすると，

$$\mathcal{F}[a_1 g_1(x,y) + a_2 g_2(x,y)] = a_1 \mathcal{F}[g_1(x,y)] + a_2 \mathcal{F}[g_2(x,y)] \tag{6.13}$$

● 相 似 性
$\mathcal{F}[g(x,y)] = G(\nu_x, \nu_y)$ であるとき，

$$\mathcal{F}[g(a_1 x, a_2 y)] = \frac{1}{|a_1 a_2|} G\left(\frac{\nu_x}{a_1}, \frac{\nu_y}{a_2}\right) \tag{6.14}$$

実空間の座標が引き伸ばされると周波数空間の座標は収縮する．
● シフト不変性
$\mathcal{F}[g(x,y)] = G(\nu_x, \nu_y)$ であるとき，

$$\mathcal{F}[g(x - a_1, y - a_2)] = G(\nu_x, \nu_y) \exp\left[-\mathrm{i}2\pi(a_1 \nu_x + a_2 \nu_y)\right] \tag{6.15}$$

実空間で関数が横ずれすると，スペクトルにはずれ量に応じた位相項が付加される．
● パーシバルの定理
$\mathcal{F}[g(x,y)] = G(\nu_x, \nu_y)$ であるとき，

$$\iint_{-\infty}^{\infty} |g(x,y)|^2 \,\mathrm{d}x\mathrm{d}y = \iint_{-\infty}^{\infty} |G(\nu_x, \nu_y)|^2 \mathrm{d}\nu_x \mathrm{d}\nu_y \tag{6.16}$$

実空間と周波数空間における信号のエネルギーは保存されることを意味する．
● フーリエ積分定理

$$g(x,y) = \mathcal{F}^{-1}\mathcal{F}[g(x,y)] \tag{6.17}$$

ただし，$g(x,y)$ は各点において連続であるとする．

6.1.2 コンボリューション積分

$\mathcal{F}[g_1(x,y)] = G_1(\nu_x, \nu_y)$, $\mathcal{F}[g_2(x,y)] = G_2(\nu_x, \nu_y)$ である場合を考える. 2つの関数 $g_1(x,y)$ と $g_2(x,y)$ に対して, コンボリューション積分 (畳み込み積分) を

$$\iint_{-\infty}^{\infty} g_1(\xi, \eta) g_2(x-\xi, y-\eta) \, d\xi d\eta = g_1(x,y) * g_2(x,y)$$

で定義する. ただし, $*$ は前後の関数のコンボリューション積分を表す. このとき,

$$\mathcal{F}\left[\iint_{-\infty}^{\infty} g_1(\xi, \eta) g_2(x-\xi, y-\eta) \, d\xi d\eta\right] = G_1(\nu_x, \nu_y) G_2(\nu_x, \nu_y) \quad (6.18)$$

が成り立つ. これを, コンボリューション定理という.

関数 $g_1(x,y)$ と $g_2^*(x,y)$ の相関関数を

$$\iint_{-\infty}^{\infty} g_1(\xi, \eta) g_2^*(\xi-x, \eta-y) \, d\xi d\eta = g_1(x,y) \star g_2^*(x,y)$$

で定義する. ただし, $\star$ は前後の関数の相関関数を表す. このとき,

$$\mathcal{F}\left[\iint_{-\infty}^{\infty} g_1(\xi, \eta) g_2^*(\xi-x, \eta-y) \, d\xi d\eta\right] = \mathcal{F}[g_1 \star g_2^*] = G_1(\nu_x, \nu_y) G_2^*(\nu_x, \nu_y)$$

$$(6.19)$$

が成り立つ.

6.1.3 デルタ関数

フーリエ光学などで, しばしば点光源やきわめて細いスリットを考えることがある. あるいは時間軸できわめて短いパルスを表す必要が生じることがある. これらのときに便利な関数, デルタ関数を定義しよう. 一例として, 幅が w でその積分値が 1 のガウス形関数を考え, この幅を無限に狭くした関数の極限を考えよう. すなわち,

$$\delta(x) = \lim_{w \to 0} \frac{1}{w} \exp\left(-\frac{\pi x^2}{w^2}\right) \quad (6.20)$$

この "関数" はデルタ関数と呼ばれている. その積分値は,

$$\int_{-\infty}^{\infty} \delta(x) dx = 1 \quad (6.21)$$

である. デルタ関数は厳密には関数ではなく, 超関数であることに注意せよ.

デルタ関数は, また, 連続な関数を $f(x)$ として,

$$\int_{-\infty}^{\infty} f(x)\delta(x) dx = f(0) \quad (6.22)$$

を満足する関数としても定義される.

さまざまな関数のフーリエ変換は付録 A を参照のこと.

6.2 離散フーリエ変換

フーリエ変換の数値計算をするためには，これを離散化しなければならない．1次元のフーリエ変換として，

$$G(\nu_x) = \int_{-\infty}^{\infty} g(x) \exp\left(-\mathrm{i}2\pi\nu_x x\right) \mathrm{d}x \tag{6.23}$$

を考えた場合，実空間関数を間隔 Δx で標本化するとしよう．このときの標本数を N とする．離散フーリエ変換（discrete Fourier transform, DFT）は，

$$G\left(k\Delta\nu\right) = \sum_{n=0}^{N-1} g\left(n\Delta x\right) \exp\left(-\frac{\mathrm{i}2\pi kn}{N}\right) \quad (k = 0, 1, 2, \ldots, N-1) \tag{6.24}$$

で定義される．ただし，$\Delta\nu = 1/\left(N\Delta x\right)$．また，離散フーリエ逆変換は，

$$g\left(n\Delta x\right) = \frac{1}{N} \sum_{k=0}^{N-1} G\left(k\Delta\nu\right) \exp\left(\frac{\mathrm{i}2\pi kn}{N}\right) \quad (n = 0, 1, 2, \ldots, N-1) \tag{6.25}$$

である．

ここで，簡略化して，離散フーリエ変換とその逆変換を

$$G_k = \sum_{n=0}^{N-1} g_n W^{kn} \tag{6.26}$$

$$g_n = \frac{1}{N} \sum_{k=0}^{N-1} G_k W^{-kn} \tag{6.27}$$

と書く．ただし，

$$g_n = g\left(n\Delta x\right) \tag{6.28}$$

$$G_k = G\left(k\Delta\nu\right) \tag{6.29}$$

$$W = \exp\left(-\frac{\mathrm{i}2\pi}{N}\right) \tag{6.30}$$

6.2.1 標本化定理

通常，光学，特に回折の計算などでは，図 6.1(a) のように，対象とする物体関数 $g(x)$ を光軸（$x = 0$）を中心にした配置に取ることが多い．その複素フーリエ変換 $G(\nu_x)$ は周波数原点（$\nu_x = 0$）の周りに分布する (b)．一方，離散フーリエ

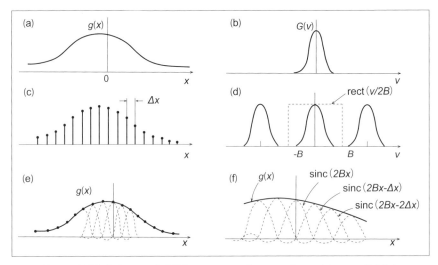

図 6.1 標本化定理．(a)：物体関数 $g(x)$，(b)：そのスペクトル $G(\nu)$，(c)：標本化された物体関数，(d)：離散フーリエスペクトル（周期 $1/\Delta x$），(e)：離散フーリエスペクトルから復元された物体関数，(f)：物体関数は $\mathrm{sinc}(x)$ で内挿されている．

変換では，関数は標本点を 0 から $N-1$ に取り，スペクトルも 0 から $N-1$ に取る．ここで，離散フーリエ変換で注意すべき点は，式 (6.24) と (6.25) からわかるように，図 (d) のように，信号 $g(n\Delta x)$ もそのスペクトル $G(k\Delta\nu)$ も周期関数であることである．スペクトル $G(k\Delta\nu)$ の周期は，$1/\Delta x$ である．信号 $g(x)$ の最大周波数を B とすると，$B \leq 1/(2\Delta x)$ の条件を満足すれば，スペクトルは，隣の周期成分と重なることはない．つまり，隣の周波数成分との重複を避けるためには，信号のバンド幅（信号の最大周波数までの幅）を B としたとき，標本点間隔を $\Delta x = 1/(2B)$ 以下にする必要がある．これを標本化定理という．

図 6.1(c) の標本化されたデータから，元の連続関数 $g(x)$ を復元するには，次のようにすればよい．まず，図 6.1(d) の周期的な離散スペクトルから，$[-B, B]$ の部分を取り出し，フーリエ変換すれば，

$$g(x) = \sum_{-N/2}^{N/2} f(n\Delta x)\mathrm{sinc}(2Bx - n\Delta x) \qquad (6.31)$$

元の連続関数 $g(x)$ が得られる．ただし，N は標本数で，物体関数の広がりを D とすると $N = D/\Delta x$ である．

標本化定理を満たさず，周波数成分の重複があると $G(k\Delta\nu)$ から正しく $g(n\Delta x)$

6.3　高速フーリエ変換（FFT）を用いた数値計算　　　185

を求めることができない．このとき，$g\,(n\Delta x)$ に発生する誤差をエリアシングエラーという．

6.3　高速フーリエ変換（FFT）を用いた数値計算

信号 $f(t)$ を等しい間隔で標本化された N 個のデータに対して，離散フーリエ変換 (6.26) を直接計算するには $O(N^2)$ の操作が必要である．一方，高速フーリエ変換法（fast Fourier transform, FFT）と呼ばれるアルゴリズムを用いると計算量が $O\,(N\log N)$ になることが知られている．

6.3.1　1次元フーリエ変換

Python を用いて，離散 1 次元フーリエ変換を行ってみよう．

一例として，rect 関数のフーリエ変換を考えよう．rect 関数は，

$$\mathrm{rect}(x) = \begin{cases} 1 & |x| \leq \dfrac{1}{2} \\ 0 & |x| > \dfrac{1}{2} \end{cases} \tag{6.32}$$

で定義される．

図 6.2(a) に示すように，座標の原点 $x = 0$ を中心として関数 $g(x)$ があるとする．これを (b) のように $N = 32$ 個に標本化する．図 6.2(a)，(b) を表示するプログラムをプログラム 6.1 に示す．(b) では，x の配列は $x[0]$, $x[1],\ldots,x[31]$ になっている．これを scipy.fftpack.fft でフーリエ変換すると，複素数のスペクトルが得られる．実数部分を (c) に示す．最初に 0 周波数成分がくる．

次に，標本化された関数 (b) を 0 から始まる配列に変換するため，fftshift を用いて，$g(x)$ の原点を (d) のように移動させる．この配列に fft を適用すると，(e) が得られる．FFT の標本化周波数を返す fftfreq を適用すると，周波数軸に対して，0 周波数成分が中央にきて，正しい周波数を与える (f) が得られる．

プログラム 6.1

```
1  import numpy as np
2  from scipy import fftpack as ffp
3  import matplotlib.pyplot as plt
4
5  def rect(x):
6      return np.where(np.abs(x)<=0.5, 1, 0)
```

```
 7
 8  N = 32
 9  N2 = N / 2
10  w = 5
11  x = np.linspace(-N2, N2 - 1, N)
12  y = rect(x/w)
13  yshift = ffp.fftshift(y)
14
15  f = ffp.fft(y)
16  freqs = ffp.fftfreq(N)
17  fshift = ffp.fftshift(f)
18
19  fig, ax = plt.subplots(6, figsize=(6,14), tight_layout=True)
20  ax[0].plot(x, y)
21  ax[1].stem(y)
22  ax[2].stem(np.real(f))
23  ax[3].stem(yshift)
24  ax[4].stem(ffp.fft(yshift))
25  ax[5].stem(freqs, ffp.fft(yshift))
26  plt.savefig("fft_rect.png")
```

行 5 で，rect(x) を定義している．
出力を図 6.2 に示す．ただし，グラフの縮尺や位置は変更している．

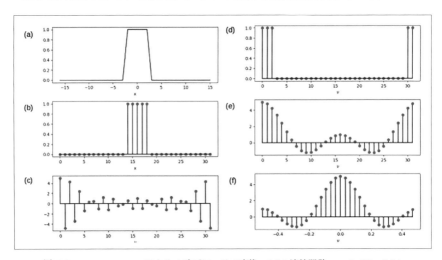

図 6.2 scipy.fftpack による 1 次元フーリエ変換．(a)：連続関数 rect(x/5)，(b)：標本化されたサンプル列，(c)：その FFT，(d):$x = 0$ の点を [0] にシフトした関数，(e)：その FFT，(f)：FFT の標本化周波数を返す fftfreq を適用したスペクトル．

6.3.2 画像のフーリエ変換

2次元画像（JPG）のフーリエ変換の一例を紹介する．プログラムをプログラム 6.2 に，その出力を図 6.3 に示す．

プログラム 6.2

```
1   from PIL import Image
2   import numpy as np
3   from scipy import fftpack as ffp
4   import matplotlib.pyplot as plt
5
6   # JPG画像を読み込み，濃淡画像に変換
7   im_gray = Image.open("Falcon_test.jpg").convert("L")
8   # 512*512 画素抽出
9   im_gray_512 = np.array(im_gray.crop((180, 190, 180+512, 190+512)))
10  fig,ax = plt.subplots(1,2)                # 横に2つの図を並べる
11  ax[0].imshow(im_gray_512,cmap="gray")
12  f_im = ffp.fft2(im_gray_512)              # 2-D fft
13  shift_f_im = ffp.fftshift(f_im)           # fft_shift
14  ax[1].imshow(np.log10(np.abs(shift_f_im)), cmap="gray")
15  plt.savefig("falcon512_spectrum.png")
```

図 6.3 scipy.fftpack による 2 次元フーリエ変換．グレイスケールの 2 次元画像とそのフーリエスペクトル（振幅の絶対値の対数表示）．

行 1 で Pillow パッケージの Image ライブラリを指定する．行 7 で，Image.open() 関数で JPG 画像を白黒画像 im_gray として読み込む．行 9 で，白黒画像 im_gray から 512×512 のサイズの必要部分を切り出し，im_gray_512 とする．行 12 で，2 次元フーリエ変換を行ない，行 13 で，0 スペクトルを中央に移動させる．

188 　　　　　　　　　　　　6. フーリエ光学

なお，行 12 のフーリエ変換は，入力画像の 0 点を移動させていないので，図
6.2 の例では (c) に相当するスペクトルが得られていることに注意．(e) に相当
するスペクトルを得るには，フーリエ変換を行う前に 0 点シフトをしておく必要
がある．図 6.2 では，スペクトルの絶対値を表示しているので，この必要はない．

6.4 　回 折 の 計 算

再び，スカラー波に対する回折式 (5.201) を考えよう．この回折式が，フーリ
エ変換を用いて計算することができることを示す．

6.4.1 　フレネル回折計算

開口面から観測面までの距離が，式 (5.205) を満足するときのフレネル回折式
(5.206) は，定数項を除いて，

$$E(x,y) = \frac{\exp(ikr_0)}{i\lambda r_0} \iint_{-\infty}^{\infty} g(\xi,\eta) \exp\left\{ \frac{i\pi}{\lambda r_0} \left[(x-\xi)^2 + (y-\eta)^2 \right] \right\} d\xi d\eta \tag{6.33}$$

と表すことができる．
　ここで，

$$h(\xi,\eta) = \frac{\exp(ikr_0)}{i\lambda r_0} \exp\left[\frac{i\pi}{\lambda r_0} (\xi^2 + \eta^2) \right] \tag{6.34}$$

とすると，式 (6.33) は，

$$E(x,y) = \iint_{-\infty}^{\infty} g(\xi,\eta) h(x-\xi, y-\eta) d\xi d\eta = g(x,y) * h(x,y) \tag{6.35}$$

と表すことができる．つまり，フレネル回折は，開口関数 $g(x,y)$ と重み関数 $h(x,y)$
のコンボリューションで表すことができる．さらに，

$$H(\nu_x, \nu_y) \equiv \mathcal{F}[h(x,y)] = \exp(ikr_0) \exp\left[-i\pi\lambda r_0 (\nu_x^2 + \nu_y^2) \right] \tag{6.36}$$

であるので，

$$\mathcal{F}[E(x,y)] = G(\nu_x, \nu_y) H(\nu_x, \nu_y) \tag{6.37}$$

である．ただし，$G(\nu_x, \nu_y) = \mathcal{F}[g(x,y)]$.
　式 (6.33) はまた，

$$E(x,y) = \frac{\exp(ikr_0)}{i\lambda r_0} \exp\left[\frac{i\pi}{\lambda r_0} (x^2 + y^2) \right] \iint_{-\infty}^{\infty} g(\xi,\eta) \exp\left[\frac{i\pi}{\lambda r_0} (\xi^2 + \eta^2) \right]$$

$$\times \exp\left[-\frac{\mathrm{i}2\pi}{\lambda r_0}(x\xi + y\eta)\right]\mathrm{d}\xi\mathrm{d}\eta \tag{6.38}$$

のように変形できる。つまり,

$$E(x,y) = \frac{\exp(\mathrm{i}kr_0)}{\mathrm{i}\lambda r_0}\exp\left[\frac{\mathrm{i}\pi}{\lambda r_0}(x^2 + y^2)\right]\mathcal{F}\left[g\left(\xi,\eta\right)\exp\left[\frac{\mathrm{i}\pi}{\lambda r_0}(\xi^2 + \eta^2)\right]\right] \tag{6.39}$$

以上をまとめると,フレネル回折の計算には以下の2つの方法がある.

- コンボリューションに基づく方法:

  式 (6.35) に基づく方法で,比較的近距離のフレネル回折計算に適する. 2回のフーリエ変換が必要である.

- 二乗位相付加法:

  式 (6.39) に基づく方法で,比較的長距離のフレネル回折計算に適する. 1回のフーリエ変換で計算できる.

例題 6.1　矩形アパーチャーのフレネル回折

二乗位相付加法によって,矩形アパーチャーのフレネル回折像強度を計算せよ. 物体面の標本数を $N = 512$,標本間隔を $\delta = 0.1\,\mathrm{mm}$,光の波長を $\lambda = 0.6328\,\mathrm{\mu m}$,アパーチャーを 100×200 の標本点とせよ. 物体面から $r_0 = 8\,\mathrm{m}$ の回折像強度を計算せよ.

プログラムを次のページに示す. 図 6.4 に (a) アパーチャー,(b) 位相項の濃淡表示,(c) フレネル回折像強度分布を示す.

計算には,位相項 $\exp\left[\frac{\mathrm{i}\pi}{\lambda r_0}(\xi^2 + \eta^2)\right]$ を計算しなければならない. 1次元で考えると,この位相項を N 点で標本化しなければならない. ξ 方向の空間周波数を求めるため,

$$\exp\left(\frac{\mathrm{i}\pi}{\lambda r_0}\xi^2\right) = \exp\left(\frac{\mathrm{i}2\pi}{2\lambda r_0}\xi^2\right) = \exp\left[\mathrm{i}2\pi\phi(\xi)\right] \tag{6.40}$$

ただし,位相は

$$\phi(\xi) = \frac{\xi^2}{2\lambda r_0} \tag{6.41}$$

であるから,空間周波数は,式 (4.15) より,

$$\nu_\xi = \frac{\partial\phi(\xi)}{\partial\xi} = \frac{\xi}{\lambda r_0} \tag{6.42}$$

が得られる. 標本化定理を満足するためには,$\Delta\xi$ を標本間隔として,

$$\left| \frac{\xi}{\lambda r_0} \right| \leq \frac{1}{2\Delta\xi} \tag{6.43}$$

最大空間周波数は, $\xi = N\Delta\xi/2$ であるので,

$$r_0 \geq \frac{N(\Delta\xi)^2}{\lambda} \tag{6.44}$$

の条件が必要である.

例題 6.1 のプログラム

```
1   import numpy as np
2   from scipy import fftpack as ffp
3   import matplotlib.pyplot as plt
4
5   N = 512
6   delta = 0.1 # 標本間隔 (mm)
7   wavelen = 0.6328e-3 # 波長 (mm)
8   distance = 8.0e3  # 物体からの距離 (mm)
9
10  fig, ax = plt.subplots(1, 3, figsize=(10,3))
11
12  aperture = np.zeros((N, N))
13  aperture[N//2 - 50:N//2 + 50, N//2 - 100: N//2 + 100] = 1.0
14  ax[0].imshow(aperture, cmap="gray")
15  ax[0].axis("off")
16  ax[0].set_title("(a)")
17  xi_x = np.linspace(-N/2, N/2-1, N) * delta
18  xi_y = np.linspace(-N/2, N/2-1, N) * delta
19
20  Xi_x, Xi_y = np.meshgrid(xi_x, xi_y)
21
22  phase_factor = np.exp(-1j * np.pi / (wavelen * distance) \
23      * (Xi_x ** 2 + Xi_y **2))
24  ax[1].imshow(np.real(phase_factor), cmap="gray")
25  ax[1].axis("off")
26  ax[1].set_title("(b)")
27
28  FT_core = ffp.fftshift(ffp.fft2(aperture * phase_factor))
29
30  ax[2].imshow(np.abs(FT_core) ** 2, cmap="gray")
31  ax[2].axis("off")
32  ax[2].set_title("(c)")
33
```

```
34  plt.savefig("fresnel_10")
```

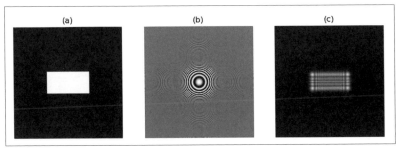

図 6.4 例題 6.1 のプログラムの出力

6.4.2 フラウンホーファー回折計算

　フラウンホーファー回折は，5.6.5 項で述べたように，フーリエ変換で書ける．すなわち，式 (5.224) より，

$$E(x,y) = C_0 \exp\left[\frac{\mathrm{i}\pi(x^2+y^2)}{\lambda r_0}\right] \int_{-\infty}^{\infty}\int_{-\infty}^{\infty} g(\xi,\eta)\exp\left[-\frac{\mathrm{i}2\pi}{\lambda r_0}(x\xi+y\eta)\right]\mathrm{d}\xi\mathrm{d}\eta \tag{6.45}$$

が得られる．ここで，

$$\nu_x = \frac{x}{\lambda r_0}, \quad \nu_y = \frac{y}{\lambda r_0} \tag{6.46}$$

とおくと，式 (6.45) は，

$$E(x,y) = C_0 \exp\left[\frac{\mathrm{i}\pi(x^2+y^2)}{\lambda r_0}\right] \cdot G\left(\frac{x}{\lambda r_0}, \frac{y}{\lambda r_0}\right) \tag{6.47}$$

ただし，$G(\nu_x, \nu_y) = \mathcal{F}[g(x,y)]$ である．

6.5　ヘルムホルツの波動方程式に基づく回折計算—角スペクトル法—

　スカラー波の伝播現象に対する別の記述法を述べよう．図 6.5 に示すように，$z=0$ の面に振幅分布 $g(x,y,z=0)$ の光波があるとする．この光波が回折して $z=z$ の面に到達したときの光波の振幅分布を計算する．

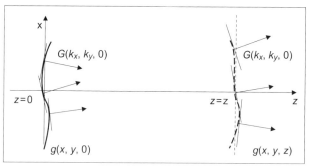

図 6.5 角スペクトル法における光波の伝播

まず,$z=0$ 面における振幅分布の 2 次元フーリエ変換を考えよう.

$$G(k_x, k_y, 0) = \iint_{-\infty}^{\infty} g(x,y,0) \exp\bigl[-\mathrm{i}(k_x x + k_y x)\bigr]\mathrm{d}x\mathrm{d}y \tag{6.48}$$

$G(k_x, k_y)$ を $g(x,y)$ の角スペクトルという.この逆変換は,

$$g(x,y,0) = \frac{1}{4\pi^2}\iint_{-\infty}^{\infty} G(k_x, k_y, 0) \exp\bigl[\mathrm{i}(k_x x + k_y y)\bigr]\mathrm{d}k_x\mathrm{d}k_y \tag{6.49}$$

である.この式は,光波 $g(x,y,0)$ が振幅 $G(k_x, k_y, 0)$ を持つ平面波 $\exp[\mathrm{i}(k_x x + k_y y)]$ に分解できることを意味する.$z=0$ 面にある光波 $g(x,y,0)$ を多数の平面波に分解し,その各々が距離 z 伝播し,$z=z$ 面に到達し,到達した平面波を全て重ね合わせれば,$z=z$ 面における光波の振幅が求まる.また,波数の間には,式 (4.19) から,

$$k^2 = \left(\frac{2\pi}{\lambda}\right)^2 = k_x^2 + k_y^2 + k_z^2 \tag{6.50}$$

の関係があることに注意.均質な空間を伝播する光は,角スペクトルに分解できる.その角スペクトルを持っている光波は,波数ベクトルの方向に進む平面波である.

次に,$z=z$ における光波 $g(x,y,z)$ の角スペクトルは,

$$G(k_x, k_y, z) = \iint_{-\infty}^{\infty} g(x,y,z) \exp\bigl[-\mathrm{i}(k_x x + k_x y)\bigr]\mathrm{d}x\mathrm{d}y \tag{6.51}$$

したがって,その逆変換は,$z=z$ における光波の振幅分布を与える.

$$g(x,y,z) = \frac{1}{4\pi^2}\iint_{-\infty}^{\infty} G(k_x, k_y, z) \exp\bigl[\mathrm{i}(k_x x + k_y y)\bigr]\mathrm{d}k_x\mathrm{d}k_y \tag{6.52}$$

この波動が物理的に存在できるためには,式 (4.35) のヘルムホルツ方程式を満

6.5 ヘルムホルツの波動方程式に基づく回折計算—角スペクトル法—

たす必要がある. ヘルムホルツ方程式 (4.35) に式 (6.52) を代入する.

$$-\left(k_x^2 + k_y^2\right)G(k_x, y_y, z) + \frac{\mathrm{d}^2}{\mathrm{d}z^2}G(k_x, k_y, z) + k^2 G(k_x, k_y, z) = 0 \qquad (6.53)$$

この解は,

$$G(k_x, k_y, z) = G(k_x, k_y, 0) \exp\left(\mathrm{i}\sqrt{k^2 - k_x^2 - k_y^2} \cdot z\right) \qquad (6.54)$$

である. したがって, 式 (6.54) を式 (6.52) に代入すると,

$$
\begin{aligned}
&g(x, y, z) \\
&= \frac{1}{4\pi^2}\iint_{-\infty}^{\infty} G(k_x, k_y, 0) \exp\left(\mathrm{i}\sqrt{k^2 - k_x^2 - k_y^2} \cdot z\right) \exp\left[\mathrm{i}(k_x x + k_y y)\right]\mathrm{d}k_x \mathrm{d}k_y
\end{aligned}
$$

$$(6.55)$$

が得られる.

式 (6.54) によると, $k^2 > k_x^2 + k_y^2$ の領域では, 角スペクトル $G(k_x, k_y, 0)$ は平面波として $z = 0$ から $z = z$ まで伝わっていく. 一方, $k^2 < k_x^2 + k_y^2$ の領域では $\exp\left(-\sqrt{k_x^2 + k_y^2 - k^2} \cdot z\right)$ となり, これは, 指数関数的に減衰するエバネッセント波になる.

式 (6.55) は, 均質な媒質中を進むスカラー波に対する厳密解である. これが角スペクトル法である.

ここで, 角スペクトル $G(k_x, k_y, 0)$ が低角周波数成分のみであるとすると,

$$k_z = \sqrt{k^2 - \left(k_x^2 + k_y^2\right)} = k\sqrt{1 - \frac{k_x^2 + k_y^2}{k^2}} \approx k - \frac{k_x^2 + k_y^2}{2k} \qquad (6.56)$$

式 (6.55) に式 (6.56) を代入すると,

$$
\begin{aligned}
g(x, y, z) = \frac{1}{4\pi^2}\iint_{-\infty}^{\infty} &G(k_x, k_y, 0) \exp(\mathrm{i}kz) \\
&\times \exp\left[-\mathrm{i}\frac{(k_x^2 + k_y^2)z}{2k}\right] \exp\left[\mathrm{i}(k_x x + k_y y)\right]\mathrm{d}k_x \mathrm{d}k_y \qquad (6.57)
\end{aligned}
$$

さらに, 式 (6.48) を代入すると,

$$
\begin{aligned}
&g(x, y, z) \\
&= \frac{1}{4\pi^2}\exp(\mathrm{i}kz)\iiiint_{-\infty}^{\infty} g\left(x', y', 0\right) \exp\left[-\mathrm{i}\left(k_x x' + k_y y'\right)\right]\mathrm{d}x'\mathrm{d}y' \\
&\qquad \times \exp\left[-\mathrm{i}\frac{(k_x^2 + k_y^2)z}{2k}\right] \exp\left[\mathrm{i}(k_x x + k_y y)\right]\mathrm{d}k_x \mathrm{d}k_y
\end{aligned}
$$

194   6. フーリエ光学

$$= \frac{1}{\mathrm{i}\lambda z} \exp(\mathrm{i}kz) \iint_{-\infty}^{\infty} g\left(x', y', 0\right) \exp\left\{\mathrm{i}\frac{\pi}{\lambda z}\left[\left(x - x'\right)^2 + \left(y - y'\right)^2\right]\right\} \mathrm{d}x'\mathrm{d}y'$$

$$(6.58)$$

が得られ[*1)]，フレネル回折式 (6.33) と一致する.

例題 6.2 　角スペクトル法によるスリットの回折計算

　角スペクトル法によって，単スリットの回折像強度を計算せよ. 物体面の標本数を $N = 512$，標本間隔を $\Delta x = 1\,\mu\mathrm{m}$，光の波長を $\lambda = 0.6328\,\mu\mathrm{m}$，スリット幅を 128 標本点とせよ.

　プログラムを以下に示す.

例題 6.2 のプログラム

```
1   import numpy as np
2   from scipy import fftpack as ffp
3   import matplotlib.pyplot as plt
4
5   def rect(x):
6       return np.where(np.abs(x)<=0.5, 1, 0)
7
8   fig, ax = plt.subplots(2, figsize=(5, 4))
9
10  N=512                    # 物体空間の標本数
11  wavelen = 0.6328*10**(-3)   # 波長 (mm)
12  z = 0.25                 # 物体面からの距離 (mm)
13  dx =1.0e-3               # 標本間隔 (mm)
14
15  x=np.linspace(-N/2, N/2, N)
16  fx=rect((x)/128)
17  ax[0].plot(x, fx, "-k")
18  ax[0].set_xlabel("$x$")
19
20  nux = ffp.fftfreq(N, dx)
21  nu_sq = 1 / wavelen**2 - nux**2
22
23  mask = nu_sq > 0
24  phase_func = np.zeros(len(nux), dtype = np.complex_)
25
```

[*1)] k_x, k_y に関する積分で，公式 $\int_{-\infty}^{\infty} \exp(-ax^2 + bx)\mathrm{d}x = \sqrt{\pi/a}\exp\left(b^2/(4a)\right)$ を使う.

6.5 ヘルムホルツの波動方程式に基づく回折計算—角スペクトル法—

```
26    #Masking for imaginary phase function
27    phase_func[mask] = np.exp(1j * 2 * np.pi * np.sqrt(nu_sq[mask]) * z)
28
29    diffraction = ffp.ifft(phase_func * ffp.fft(fx))
30
31    ax[1].plot(x, np.abs(diffraction)**2, "-k")
32    ax[1].set_xlabel("$x$")
33    fig.savefig("ASM_slit.png")
```

図 6.6 にスリットを表す矩形関数と回折強度を示す.

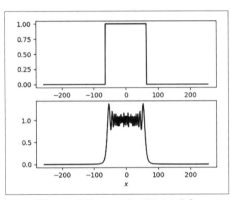

図 6.6 例題 6.2 のプログラムの出力

例題 6.3　角スペクトル法による複開口の回折計算

角スペクトル法によって，複開口の回折像強度を計算せよ．物体面の標本数を $N = 512 \times 512$, 標本間隔を $1\,\mu\mathrm{m}$, 光の波長を $\lambda = 0.6328\,\mu\mathrm{m}$, 開口幅を 64 標本点，開口間隔 128 標本点，開口の高さは 256 標本点とせよ．

プログラムを以下に示す.

例題 6.3 のプログラム

```
1    import numpy as np
2    import matplotlib.pyplot as plt
3
4    def rect2d(x, y):
5        return np.where((np.abs(x)<=0.5) & \
6            (np.abs(y)<=0.5), 1, 0)
```

```python
7
8   N = 512
9   N2 = N/2
10  wavelen = 0.6328*10**(-3) # 波長 (mm)
11  dx, dy = 1.0e-3, 1.0e-3 # 開口画素サイズ(mm)
12
13  x = np.arange(N)
14  y = np.arange(N)
15  X, Y = np.meshgrid(x, y)
16  Z = rect2d((X-N2-64)/64, (Y-N2)/256)  \
17      + rect2d((X-N2+64)/64, (Y-N2)/256)
18
19  fig, ax = plt.subplots(2, 4, figsize=(14, 6))
20  ax[0, 0].plot(Z[256, :], "-k")
21  ax[0,0].set_title("z = 0.0 mm")
22  ax[1, 0].imshow(Z, cmap="gray", origin = "lower")
23
24  nux = np.fft.fftfreq(N, dx)
25  nuy = np.fft.fftfreq(N, dy)
26  Nux, Nuy = np.meshgrid(nux, nuy)
27  nu_sq= 1 / wavelen**2 - (Nux**2 + Nuy**2)
28  mask= nu_sq > 0
29  weight = np.zeros((N, N), dtype = np.complex_)
30
31  distance = [0.1, 0.25, 0.5]
32  for i in range(3):
33      z = distance[i]
34      weight[mask] = np.exp(1j * 2 * np.pi * np.sqrt(nu_sq[mask]) * z)
35
36      diffraction = np.fft.ifft2(weight * np.fft.fft2(Z))
37      ax[0, i + 1].plot(np.abs(diffraction[256, :])**2, "-k")
38      ax[0, i + 1].set_title("z = {} mm".format(z))
39      ax[1, i + 1].imshow(np.abs(diffraction)**2,cmap="gray",\
40                          origin = "lower")
41
42  plt.savefig("AS_2D.png")
```

図 6.7 に複開口の回折光強度分布の一断面と 2 次元強度分布を示す. 左側は $z = 0$ つまり複開口面における光強度である.

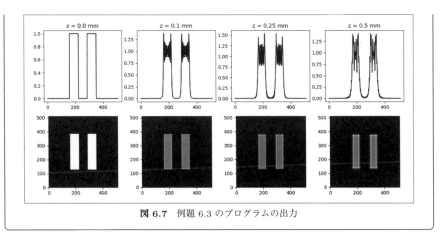

図 6.7 例題 6.3 のプログラムの出力

6.5.1 角スペクトル法における帯域

角スペクトル法は，フレネル回折やフラウンホーファー回折で仮定されている近似を使っていない．しかし，離散的なフーリエ変換を実施する上で，標本化定理を満足しなければならない．実際，式 (6.55) の伝播項 $\exp\left(\mathrm{i}\sqrt{k^2 - k_x^2 - k_y^2} \cdot z\right)$ は z が大きくなると，標本化定理を満たさなくなる．

1 次元の場合に，この項の局所周波数を求めてみよう．式 (4.15) から，

$$\frac{d\sqrt{k^2 - k_x^2} \cdot z}{dk_x} = -\frac{\nu_x z}{\sqrt{1/\lambda^2 - \nu_x^2}} \qquad (6.59)$$

ただし，$k_x = 2\pi\nu_x$ とする．したがって，標本化定理を満足するには，

$$\left|\frac{\nu_x z}{\sqrt{1/\lambda^2 - \nu_x^2}}\right| \leq \frac{1}{2\Delta\nu} \qquad (6.60)$$

ここで，$\Delta\nu = \frac{1}{N\Delta x}$ であるので，

$$|\nu_x| \leq \frac{1}{\lambda\sqrt{\left(\frac{2z}{N\Delta x}\right)^2 + 1}} \qquad (6.61)$$

標本化定理を満足するには，z の増大にしたがって，標本点数 N を増加させなければならない．この帯域の空間周波数のみがエリアシング誤差を含まない成分である．

図 6.8 に，角スペクトル法における帯域制限の効果を示す．例題 6.2 と同じ条件（$z = 0.25$）における局所周波数分布 (a) とその回折像強度分布 (b)，$z = 5.0$

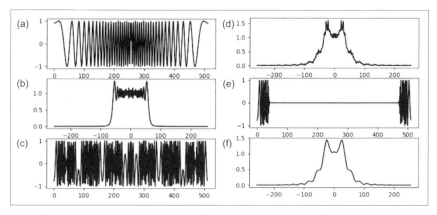

図 6.8 角スペクトル法における帯域制限．(a)：例題 6.2 と同じ条件（$z = 0.25$）における局所周波数分布，(b)：局所周波数分布 (a) を用いて計算した回折像強度分布，(c)：$z = 5.0$ における局所周波数分布，(d)：局所周波数分布 (c) を用いて計算した回折像強度分布，(e)：局所周波数分布 (c) の帯域制限した局所周波数分布，(f)：局所周波数分布 (e) を用いて計算した回折像強度分布．

における局所周波数分布 (c)，局所周波数分布 (c) を用いて計算した回折像強度分布 (d)．(d) には高周波のエリアシング雑音が現れている．標本化定理を満足するように，(c) を帯域制限した局所周波数分布 (e)，および局所周波数分布 (e) を用いて計算した回折像強度分布 (f) を示す．(f) にはエリアシング雑音が含まれていない．

6.6　レンズのフーリエ変換作用

　光学的にフーリエ変換をするのは，フラウンホーファー回折を利用すればよいことはわかったが，これを実現するためには，開口もしくは物体の位置を無限遠点に配置しなければならない．実験室でこの条件を満足することは難しい．実験室で，光学的フーリエ変換を実現するためには，凸レンズを用いればよい．なぜなら，レンズの焦点は無限遠にある物体の像に対応するからである．図 6.9 に示すように，焦点距離が f の凸レンズがレンズの前方 $z = a$ の位置にある点物体 P の像をレンズの後面 P′ の位置 $z = b$ に結像するとする．このとき，点物体から発する球面波は，

$$u = A \exp\left[\mathrm{i}\frac{\pi}{\lambda a}(x^2 + y^2)\right] \tag{6.62}$$

6.6 レンズのフーリエ変換作用

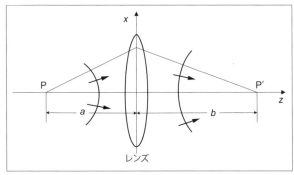

図 6.9 レンズの作用

であり，点像に収束する球面波は，

$$u' = A \exp\left[-\mathrm{i}\frac{\pi}{\lambda b}(x^2 + y^2)\right] \tag{6.63}$$

である．さらに，$1/a + 1/b = 1/f$ の関係があるので，レンズの作用は，式 (6.62) で表される発散球面波を式 (6.63) で表される収束球面波に変換するものであると考えると，

$$t(x, y) = \frac{u'}{u} = \exp\left[-\mathrm{i}\frac{\pi}{\lambda f}(x^2 + y^2)\right] \tag{6.64}$$

と表すことができる．レンズの開口 $P(x, y)$ を考慮すると，

$$t(x, y) = P(x, y)\exp\left[-\mathrm{i}\frac{\pi}{\lambda f}(x^2 + y^2)\right] \tag{6.65}$$

ただし，

$$P(x, y) = \begin{cases} 1 : \text{レンズ開口の中} \\ 0 : \text{レンズ開口の外} \end{cases} \tag{6.66}$$

この関数は，瞳関数と呼ばれる．

次に，レンズのフーリエ変換作用について考えよう．簡単化のため，1 次元で解析しよう．図 6.10 に示すように，焦点距離が f のレンズの前方 d に物体 $u_\mathrm{o}(x_\mathrm{o})$ があるとしよう．この配置で，レンズの後方の焦点面における振幅分布を計算する．レンズの前面に到達した光波の振幅を $u_1(x_1)$，レンズを透過直後の光波を $u'_1(x_1)$，焦点面における振幅を $u_\mathrm{f}(x_\mathrm{f})$ とする．

まず，レンズ前面の光波 $u_1(x_1)$ は，物体のフレネル回折波であるので，式 (6.36) と (6.37) を利用すると，

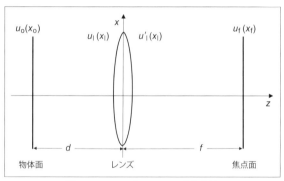

図 6.10 レンズのフーリエ変換作用

$$U_1(\nu_x) = \mathcal{F}[u_1(x_1)] = U_o(\nu_x) \cdot \exp\left(-i\pi\lambda d\nu_x^2\right) \quad (6.67)$$

が得られる．ただし，$U_1(\nu_x)$ は $u_1(x_1)$ のフーリエ変換，$U_o(\nu_x)$ は物体 $u_o(x_o)$ のフーリエ変換である．

レンズの前面と後面の光波の間には，

$$u_1'(x_1) = u_1(x_1) \cdot \exp\left(-\frac{i\pi}{\lambda f}x_1^2\right) \quad (6.68)$$

の関係がある．ここで，瞳関数は十分に大きく $P(x_1, y_1) = 1$ とした．レンズの焦点面における光波の振幅は，レンズ直後の光波 $u_1'(x_1)$ のフレネル回折であるから，

$$\begin{aligned} u_f(x_f) &= \int_{-\infty}^{\infty} u_1'(x_1) \cdot \exp\left[\frac{i\pi}{\lambda f}(x_f - x_1)^2\right] dx_1 \\ &= \exp\left(\frac{i\pi}{\lambda f}x_f^2\right) \cdot \int_{-\infty}^{\infty} u_1'(x_1) \cdot \exp\left(\frac{i\pi}{\lambda f}x_1^2\right) \cdot \exp\left(-\frac{i2\pi}{\lambda f}x_1 x_f\right) dx_1 \end{aligned} \quad (6.69)$$

式 (6.68) を代入すると，

$$u_f(x_f) = \exp\left(\frac{i\pi}{\lambda f}x_f^2\right) \cdot \int_{-\infty}^{\infty} u_1(x_1) \cdot \exp\left(-\frac{i2\pi}{\lambda f}x_1 x_f\right) dx_1 \quad (6.70)$$

ここで，$\nu_f = x_f/\lambda f$ とおくと，

$$\begin{aligned} u_f(x_f) &= \exp\left(\frac{i\pi}{\lambda f}x_f^2\right) \cdot \int_{-\infty}^{\infty} u_1(x_1) \exp(-i2\pi x_1 \nu_f) dx_1 \\ &= \exp\left(\frac{i\pi}{\lambda f}x_f^2\right) \cdot U_1(\nu_f) = \exp\left(\frac{i\pi}{\lambda f}x_f^2\right) \cdot U_1\left(\frac{x_f}{\lambda f}\right) \end{aligned} \quad (6.71)$$

式 (6.67) を代入すると，

$$u_{\mathrm{f}}(x_{\mathrm{f}}) = \exp\left(\frac{\mathrm{i}\pi}{\lambda f}x_{\mathrm{f}}^2\right)\cdot U_{\mathrm{o}}\left(\frac{x_{\mathrm{f}}}{\lambda f}\right)\cdot \exp\left[-\mathrm{i}\pi\lambda d\left(\frac{x_{\mathrm{f}}}{\lambda f}\right)^2\right]$$

$$= \exp\left[\frac{\mathrm{i}\pi}{\lambda f}\left(1-\frac{d}{f}\right)x_{\mathrm{f}}^2\right]\cdot U_{\mathrm{o}}\left(\frac{x_{\mathrm{f}}}{\lambda f}\right) \tag{6.72}$$

つまり,物体をレンズの前面のどこにおいても,強度分布は,レンズの焦点面ではそのフーリエ変換像の強度分布が得られる.特に,$d=f$ の場合には,焦点面では,光波の振幅分布は位相項を含まない物体のフーリエ変換そのものになる.

6.7 結 像

6.7.1 コヒーレント結像

図 6.11 に示す結像光学系を考えよう.物体はコヒーレント光で照明されているものとする.

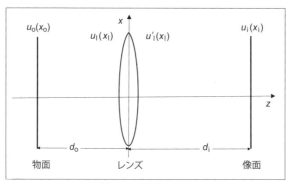

図 6.11 結像光学系

物体 $u_{\mathrm{o}}(x_{\mathrm{o}})$ がレンズの前方 d_{o} の位置にあり,レンズの後方 d_{i} の位置に結像しているとする.レンズの焦点距離を f とすると,$1/f = 1/d_{\mathrm{o}} + 1/d_{\mathrm{i}}$ の関係がある.物体の振幅分布と像の振幅分布の間に線形な関係があるとき,物体と像の間には,

$$u_{\mathrm{i}}(x_{\mathrm{i}}) = \int_{-\infty}^{\infty} u_{\mathrm{o}}(x_{\mathrm{o}})\cdot h(x_{\mathrm{i}}, x_{\mathrm{o}})\mathrm{d}x_{\mathrm{o}} \tag{6.73}$$

の関係があることに注意しよう.ここで,$h(x_{\mathrm{i}}, x_{\mathrm{o}})$ は,物体面上の点物体が像面上に作る像の振幅分布であり,点応答関数と呼ばれている.

この点応答関数 $h(x_i, x_o)$ を求めよう．物体面からレンズの前面までのフレネル回折を考えると，物体面上の点 x_o から回折してくる光波は，式 (6.34) から，

$$u_1(x_1) = \frac{1}{i\lambda d_o} \exp\left[\frac{i\pi}{\lambda d_o}(x_1 - x_o)^2\right] \tag{6.74}$$

と表すことができる．ここで，位相項 $\exp(ikd_o)$ は無視してある．レンズ透過後は，$P(x_1)$ を瞳関数として，

$$u_1'(x_1) = u_1(x_1) \cdot P(x_1) \cdot \exp\left[-\frac{i\pi}{\lambda f}x_1^2\right] \tag{6.75}$$

である．像面では，この光波は再びフレネル回折するので，

$$h(x_i, x_o) = \frac{1}{i\lambda d_i} \int_{-\infty}^{\infty} u_1'(x_1) \cdot \exp\left[\frac{i\pi}{\lambda d_i}(x_i - x_1)^2\right] dx_1 \tag{6.76}$$

である．したがって，式 (6.76) に式 (6.74) と (6.75) を代入すると，符号の変化を無視すれば，

$$
\begin{aligned}
h(x_i, x_o) &= \frac{1}{\lambda^2 d_o d_i} \exp\left(\frac{i\pi}{\lambda d_o}x_o^2\right) \exp\left(\frac{i\pi}{\lambda d_i}x_i^2\right) \\
&\times \int_{-\infty}^{\infty} P(x_1) \cdot \exp\left[\frac{i\pi}{\lambda}\left(\frac{1}{d_o} + \frac{1}{d_i} - \frac{1}{f}\right)x_1^2\right] \cdot \exp\left[-\frac{i2\pi}{\lambda}\left(\frac{x_o}{d_o} + \frac{x_i}{d_i}\right)x_1\right] dx_1
\end{aligned}
\tag{6.77}
$$

さらに，物体面と像面は結像関係にあるので，$1/f = 1/d_o + 1/d_i$ を代入すると，

$$h(x_i, x_o) = \frac{1}{\lambda^2 d_o d_i} \exp\left(\frac{i\pi}{\lambda d_o}x_o^2\right) \exp\left(\frac{i\pi}{\lambda d_i}x_i^2\right) \int_{-\infty}^{\infty} P(x_1) \cdot \exp\left[-\frac{i2\pi}{\lambda}\left(\frac{x_o}{d_o} + \frac{x_i}{d_i}\right)x_1\right] dx_1 \tag{6.78}$$

が得られる．ここで，この光学系では物体と像が光軸近傍にあり，収差も小さいとして，積分外の位相項を無視する．さらに，倍率を $m = d_i/d_o$ で定義し，$\nu_x = x_1/(\lambda d_i)$ とおくと，

$$h(x_i, x_o) = \frac{1}{\lambda d_o} \int_{-\infty}^{\infty} P(\lambda d_i \nu_x) \cdot \exp\left[-i2\pi(x_i + mx_o)\nu_x\right] d\nu_x \tag{6.79}$$

さらに，今までの議論を 2 次元に拡張すると，

$$h(x_i, y_i; x_o, y_o)$$

$$= m \iint_{-\infty}^{\infty} P(\lambda d_i \nu_x, \lambda d_i \nu_y) \cdot \exp \left\{ -i2\pi [(x_i + m x_o) \nu_x + (y_i + m y_o) \nu_y] \right\} d\nu_x d\nu_y$$

$$(6.80)$$

ここで，$\bar{x}_o = -m x_o,\ \bar{y}_o = -m y_o$ とおくと，

$$h(x_i, y_i; \bar{x}_o, \bar{y}_o)$$
$$= m \iint_{-\infty}^{\infty} P(\lambda d_i \nu_x, \lambda d_i \nu_y) \cdot \exp \left\{ -i2\pi [(x_i - \bar{x}_o) \nu_x + (y_i - \bar{y}_o) \nu_y] \right\} d\nu_x d\nu_y$$

$$(6.81)$$

と書ける．つまり，点応答関数は，空間座標の差 $x_i - \bar{x}_o$，$y_i - \bar{y}_o$ の関数であるので，空間不変である．このとき，

$$h(x_i - \bar{x}_o, y_i - \bar{y}_o)$$
$$= m \iint_{-\infty}^{\infty} P(\lambda d_i \nu_x, \lambda d_i \nu_y) \cdot \exp \left\{ -i2\pi [(x_i - \bar{x}_o) \nu_y + (y_i - \bar{y}_o) \nu_y] \right\} d\nu_x d\nu_y$$

$$(6.82)$$

と書け，定数項を無視すると，結局，

$$h(x_i, y_i) = \iint_{-\infty}^{\infty} P(\lambda d_i \nu_x, \lambda d_i \nu_y) \cdot \exp \left[-i2\pi (x_i \nu_x + y_i \nu_y) \right] d\nu_x d\nu_y \quad (6.83)$$

つまり，点応答関数は瞳関数のフーリエ変換である．

したがって，物体の振幅分布 $u_o(x_o, y_o)$ と像の振幅分布 $u_i(x_i, y_i)$ の間には，

$$u_i(x_i, y_i) = \iint_{-\infty}^{\infty} u_o(x_o, y_o) h(x_i - x_o, y_i - y_o) dx_o dy_o$$
$$= u_o * h \qquad (6.84)$$

の関係がある．ただし，$*$ は前後の関数のコンボリューションを表す．

このときの像の強度は，

$$I_c(x_i, y_i) = |u_i(x_i, y_i)|^2 = |u_o * h|^2 \qquad (6.85)$$

で与えられる．

6.7.2 インコヒーレント結像

インコヒーレント光で物体が照明されている場合には，物体の各点からくる光

波は互いにインコヒーレントである. つまり, 物体上の 2 点 (x_o, y_o), (x'_o, y'_o) の
振幅を $u_o(x_o, y_o)$, $u_o(x'_o, y'_o)$ とすると, 両振幅の積の時間平均は,

$$\langle u_o(x_o, y_o) u_o^*(x'_o, y'_o) \rangle = I_o(x_o, y_o) \delta(x_o - x'_o, y_o - y'_o) \tag{6.86}$$

物体の光強度 $I_i(x_o, y_o)$ は, 同一点から発した光波のみが干渉した結果である. こ
のとき, 像の強度も,

$$I_i(x_i, y_i) = \int_{-\infty}^{\infty} I_o(x_o, y_o) |h(x_i - x_o, x_i - x_o)|^2 dx_o dy_o \tag{6.87}$$

と書ける. すなわち, インコヒーレント結像の場合には, 像の強度 I_i は点応答関
数の強度 $|h|^2$ と物体の強度 I_o のコンボリューションになる.

　以上をまとめると,

　　　　コヒーレント結像: $\quad I_c = |u_o * h|^2$

　　　　インコヒーレント結像: $\quad I_i = |u_o|^2 * |h|^2$

である.

6.8　光学系の周波数応答

コヒーレント結像系の関係式 (6.84) の両辺をフーリエ変換すると,

$$U_i(\nu_x, \nu_y) = H_c(\nu_x, \nu_y) \cdot U_o(\nu_x, \nu_y) \tag{6.88}$$

ただし,

$$U_i(\nu_x, \nu_y) = \mathcal{F}[u_i(x_i, y_i)] \tag{6.89}$$

$$U_o(\nu_x, \nu_y) = \mathcal{F}[u_o(x_i, y_i)] \tag{6.90}$$

$$H_c(\nu_x, \nu_y) = \mathcal{F}[h_o(x_i, y_i)] \tag{6.91}$$

さらに, 式 (6.83) を用いて,

$$H_c(\nu_x, \nu_y) = \mathcal{F}[h(x_i, y_i)] = \mathcal{F}\big[\mathcal{F}[P(\lambda d_i \nu_x, \lambda d_i \nu_y)]\big] = P(-\lambda d_i \nu_x, -\lambda d_i \nu_y) \tag{6.92}$$

これを周波数応答関数 (optical transfer function, OTF) という. 瞳関数の座標
系をあらかじめ逆符号にしておくと,

$$H_c(\nu_x, \nu_y) = P(\lambda d_i \nu_x, \lambda d_i \nu_y) \tag{6.93}$$

コヒーレント結像系の周波数応答関数は, 瞳関数そのものになる.

一方，インコヒーレント結像系では，結像式 (6.87) から，周波数応答関数は，

$$H_\mathrm{i}(\nu_x, \nu_y) = \mathcal{F}\left[|h(x_\mathrm{i}, y_\mathrm{i})|^2\right] \tag{6.94}$$

である．これを 0 周波数の値で，規格化すると，

$$\begin{aligned}
H_\mathrm{i}(\nu_x, \nu_y) &= \frac{\mathcal{F}\left[|h(x_\mathrm{i}, y_\mathrm{i})|^2\right]}{\mathcal{F}\left[|h(x_\mathrm{i}, y_\mathrm{i})|^2\right]_{\nu_x=0, \nu_y=0}} \\
&= \frac{H_\mathrm{i}(\nu_x, \nu_y) \star H_\mathrm{i}^*(\nu_x, \nu_y)}{\iint |H_\mathrm{i}(\nu_x, \nu_y)|^2 \, \mathrm{d}\nu_x \mathrm{d}\nu_y} \\
&= \frac{P(\lambda d_\mathrm{i}\nu_x, \lambda d_\mathrm{i}\nu_y) \star P^*(\lambda d_\mathrm{i}\nu_x, \lambda d_\mathrm{i}\nu_y)}{\iint |P(\lambda d_\mathrm{i}\nu_x, \lambda d_\mathrm{i}\nu_y)|^2 \, \mathrm{d}\nu_x \mathrm{d}\nu_y}
\end{aligned} \tag{6.95}$$

ただし，$\star$ は，前後の関数の相関関数を表す．インコヒーレント結像系の周波数応答関数は，瞳関数の自己相関関数である．

図 6.12 に，開口関数が円形の場合のコヒーレント結像 (a) とインコヒーレント結像 (b) の周波数応答関数を示す．ただし，$\rho = \sqrt{\nu_x^2 + \nu_y^2}$ である．

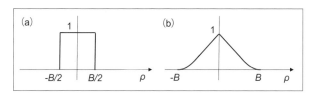

図 6.12 周波数応答関数．(a)：コヒーレント結像系，瞳関数と同じ．(b)：インコヒーレント結像系，瞳関数の自己相関関数．

光学系を通過できる最大の周波数をカットオフ周波数という．瞳が円形のコヒーレント結像の場合には，瞳の直径 B がバンド幅に相当するので，$\lambda d_\mathrm{i} \rho = B/2$ より，カットオフ周波数は

$$\rho_\mathrm{cc} = \frac{B}{2\lambda d_\mathrm{i}} \tag{6.96}$$

である．一方，インコヒーレント結像の場合には，光学系を通過できる周波数は瞳関数の自己相関関数なので，通過できる最大周波数は，図 6.12(b) に示すように，コヒーレント結像の場合の 2 倍である．すなわち，カットオフ周波数は，

$$\rho_\mathrm{ci} = \frac{B}{\lambda d_\mathrm{i}} \tag{6.97}$$

である．

ここで，カットオフ周波数と結像光学系の F ナンバー（式 (3.120)）の関係に

ついて考えよう．Fナンバーは入射瞳の直径 D_E と焦点距離 f との比で定義されるが，ここでは，実効的なFナンバーとして，$f/\# = d_i/B$ を定義しよう．このとき，式 (6.96) より，コヒーレント結像の場合には，

$$\rho_{cc} = \frac{B}{2\lambda d_i} = \frac{1}{2\lambda f/\#} \tag{6.98}$$

が得られる．

例題 6.4　帯域制限されたコヒーレント結像

異なるFナンバーの帯域制限されたコヒーレント結像系の像を計算せよ．ただし，画像の標本数は 512×512，標本間隔は $\Delta x = 0.5\,\mu\mathrm{m}$．Fナンバーが，$f/2$, $f/5$, $f/10$, $f/20$ の場合を計算せよ．

例題 6.4 のプログラム

```
1   from PIL import Image
2   import numpy as np
3   from scipy import fftpack as ffp
4   import matplotlib.pyplot as plt
5
6   im_gray = Image.open("USAF-1951.png").convert("L")
7   im_array = np.array(im_gray)
8   im_512 = np.zeros((512, 512))
9   im_512[75:438, 5:505] = im_array
10
11  fig, ax = plt.subplots(2, 4, figsize=(14, 6))
12
13  N = 512
14  dx = 0.5e-6 ; dy = 0.5e-6
15  w_length = 0.5e-6
16
17  f_number = [2.0, 5.0, 10.0, 20.0]
18
19  spec = ffp.fft2(im_512)
20
21  nux = ffp.fftfreq(N, dx)
22  nuy = ffp.fftfreq(N, dy)
23
24  Nux, Nuy = np.meshgrid(nux, nuy)
25
26  rho = np.sqrt(Nux**2 + Nuy**2)
27
```

6.8 光学系の周波数応答

```
28   for i in range(4):
29
30       b_lim = 1 / (w_length * f_number[i])
31       mask = rho < b_lim
32
33       OTF = np.zeros((N, N))
34       OTF[mask] = 1.0
35       spec2 = spec * OTF
36       image = ffp.ifft2(spec2)
37
38       spec_power = np.abs(spec)**2
39       spec_p_log = np.log10(spec_power)
40       spec_p_max =spec_p_log.max()
41       spec_p_log = spec_p_log / spec_p_max
42
43       ax[0, i].imshow(np.abs(ffp.fftshift(spec_p_log * OTF)), cmap="gray")
44       ax[0, i].set_title("f/ {}".format(f_number[i]))
45       ax[0, i].axis("off")
46       ax[1, i].imshow(np.abs(image)**2, cmap="gray")
47       ax[1, i].axis("off")
48
49   plt.savefig("OTF_coherent.png")
```

光学系の解像度評価によく用いられる USAF-1951 テストチャートを用いる．行6は，その画像の読み込み．行9で512×512画像データに変換する．

図6.13に，例題6.4の出力を示す．上段に帯域制限されたOTF（対数表示）を，下段に各Fナンバーに対する出力像を示す．

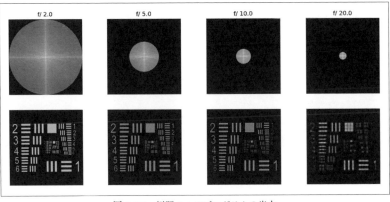

図 6.13 例題 6.4 のプログラムの出力

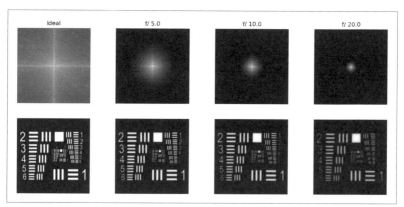

図 6.14　異なる F ナンバーのインコヒーレント結像系の OTF とその強度分布

図 6.14 にインコヒーレント結像の場合の異なる F ナンバーに対する OTF とその像強度分布を示す.

図 6.13 と図 6.14 から，同じ F ナンバーでもカットオフ周波数が異なり，OTF の形も異なることがわかる. 図 6.12 によれば，インコヒーレント結像の場合のカットオフ周波数はコヒーレントの場合の 2 倍であり，像の解像力はインコヒーレント結像の場合の方が高い.

6.9　ホログラフィ

光検出器は，光の強度分布を検出するので，位相分布を直接検出することはできない. 位相分布を直接求め，記録する方法が，干渉を利用したホログラフィである.

図 6.15 に示すように，物体がコヒーレント光で照明され，その回折波がフィルム面 H に到達したとする. その到達した光波の振幅分布は，

$$E_{\mathrm{O}}(x,y) = O(x,y)\exp\left[\mathrm{i}\phi(x,y)\right] \tag{6.99}$$

と書ける. ただし，$O(x,y)$ は到達した光波の振幅分布であり，$\phi(x,y)$ は位相分布である. これを物体波という. さらに，同じ光源から出た平面波が角度 θ で H 面に入射しているとする. この平面波は

$$E_{\mathrm{R}}(x,y) = R\exp(\mathrm{i}kx\sin\theta) \tag{6.100}$$

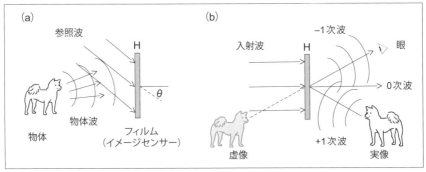

図 6.15 ホログラフィの原理. (a) ホログラムの記録. (b) ホログラムの再生.

と書ける. これを参照波と呼ぶ. 記録面で物体波と参照波を重ね合わせてフィルムやイメージセンサーで光強度分布を記録する. 記録された強度分布をホログラムという. ホログラムの強度分布は,

$$\begin{aligned}I(x,y) &= |E_\mathrm{O}(x,y) + E_\mathrm{R}(x,y)|^2 = |E_\mathrm{O}|^2 + |E_\mathrm{R}|^2 + E_\mathrm{R}^* E_\mathrm{O} + E_\mathrm{R} E_\mathrm{O}^* \\ &= |O(x,y)|^2 + R^2 + RO(x,y)\exp\{\mathrm{i}\left[\phi(x,y) - kx\sin\theta\right]\} \\ &\quad + RO^*(x,y)\exp\{-\mathrm{i}\left[\phi(x,y) - kx\sin\theta\right]\}\end{aligned} \quad (6.101)$$

ここで, 第1項と第2項は位相項を含まない項である. 第3項と第4項は位相項を含んでおり物体の振幅と位相の情報を記録している. ホログラムの振幅透過率はホログラムの強度分布に比例すると仮定する.

このホログラムを再生するため, 参照光をホログラム面に垂直に当てるとする. このときホログラムを透過する光は,

$$\begin{aligned}E_\mathrm{H}(x,y) &\approx I(x,y)R \\ &= (|O(x,y)|^2 + |R|^2)R + R^2 O(x,y)\exp\{\mathrm{i}\left[\phi(x,y) - kx\sin\theta\right]\} \\ &\quad + R^2 O^*(x,y)\exp\{-\mathrm{i}\left[\phi(x,y) - kx\sin\theta\right]\}\end{aligned} \quad (6.102)$$

のように, 3つの成分からなり, 第1の成分は θ の項を含まないのでホログラムを直進する0次光である. 第2, 第3成分には θ も元の物体の位相 $\phi(x,y)$ も含まれている. 第2成分は, 物体の位相 $\phi(x,y)$ そのものを含み $-\theta$ 方向に進む波である. この波を覗くと元の物体そのものが虚像として見える. 一方, 第3項は物体の位相が逆転した波であり進む方向は θ 方向である. この波は元の物体と凹凸が逆の実像を結ぶ.

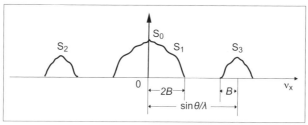

図 6.16 ホログラム再生光のスペクトル分布

次に，このホログラムのスペクトル広がりについて考えてみよう．簡単化のため x 方向のみ考えよう．ホログラムに記録されている情報は，式 (6.101) で表されている．参照光は一様な振幅分布を持つ平面波であるとする．まず第 1 項のスペクトルは，R^3 の項からのスペクトル $R^3\delta(\nu_x)$ と，$|O(x,y)|^2$ の項によるスペクトルで，これは $O(x,y)$ の自己相関関数である．両スペクトルの項を S_0 と S_1 とする．第 2 項は，$O(x,y)$ のスペクトルが $-\sin\theta/\lambda$ だけシフトしたものでこれを S_2 とする．第 3 項は $O(x,y)$ スペクトルが $\sin\theta/\lambda$ だけシフトしたものである．これを S_3 とする．$O(x,y)$ のスペクトル広がり幅が $2B$ であるとすると，全体のスペクトルは，図 6.16 のようになる．したがって，$O(x,y)$ のスペクトルと第 1 項のスペクトルが重ならないためには，

$$\sin\theta \geq 3B\lambda \tag{6.103}$$

を満足する必要がある．

6.9.1 計算機ホログラム

物体の振幅位相分布がわかっていれば，ホログラム面に到達する物体からの回折波 $E_O(x,y)$ は計算できる．適当な参照波 $E_R(x,y)$ を仮定すればホログラムの強度分布 $I(x,y)$ は式 (6.101) により数値的に計算できる．このように計算から求められたホログラムを計算機ホログラム（computer-generated hologram, CGH）という．

● フーリエ変換計算機ホログラム

計算が最も簡単な計算機ホログラムは，図 6.17 の配置によるフーリエ変換ホログラムである．物体の回折波振幅分布は，物体の振幅分布のフーリエ変換である．

ここで，物体を $f(x,y)$ とすると，ホログラム面ではそのフーリエ変換 $F(\nu_x,\nu_y)$ が参照光 $R\exp(\mathrm{i}2\pi\nu_x\sin\theta/\lambda)$ とともに記録される．ただし，θ は参照光の入射

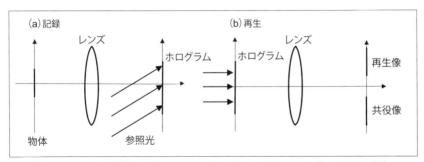

図 6.17 フーリエ変換ホログラム．(a)：ホログラムの記録．(b)：ホログラムの再生．

角である．このときのホログラムの強度分布は，

$$H(\nu_x, \nu_y) = \left| F(\nu_x, \nu_y) + R\exp\left(\mathrm{i}\frac{2\pi\nu_x \sin\theta}{\lambda}\right) \right|^2 \quad (6.104)$$

である．このホログラムを再生すると，式 (6.102) で説明したように，0 次光成分が生じる．計算機ホログラムでは，これをあらかじめ除いた，

$$\begin{aligned}&H(\nu_x, \nu_y) \\ &= RF(\nu_x, \nu_y)\exp\left(-\mathrm{i}\frac{2\pi\nu_x \sin\theta}{\lambda}\right) + RF^*(\nu_x, \nu_y)\exp\left(\mathrm{i}\frac{2\pi\nu_x \sin\theta}{\lambda}\right)\end{aligned} \quad (6.105)$$

をホログラムとすることができる．式 (6.105) は実数関数であることに注意せよ．このように，計算機ホログラムでは，式 (6.103) の条件を必ずしも満足する必要はない．

回折の計算を離散フーリエ変換をベースに行うとすると，物体面の標本数も，ホログラム面（フーリエ変換面）の標本数も，再生像面の標本数も同じにとることになる．図 6.18 の配置では，再生像面では ± 1 次回折像が対称の位置に現れるので，標本数が 2 倍必要になる．計算の標本数が N である場合には，元の物体の広がりの標本数は $N/2$ となることに注意せよ．

このことを考慮したフーリエ変換計算機ホログラムの計算と再生のプログラムをプログラム 6.3 に示す．ホログラムの標本点数を $N \times N$，物体の標本数を $N/2 \times N/2$，ここでは $N = 512$ とした．

プログラム 6.3

```
1  from PIL import Image
2  import numpy as np
```

```
 3  from scipy import fftpack as ffp
 4  import matplotlib.pyplot as plt
 5
 6  N = 512
 7
 8  amp_ref= 500.0
 9
10  # 物体像の読み込み
11  dog_mono = Image.open("dog_mono.png").convert("L")
12  dog_mono = dog_mono.resize((N//2,N//2))
13  dog = np.asarray(dog_mono)
14  rand_phase = np.exp( np.pi * 2.0 * np.random.rand(N//2, N//2) * 1j)
15
16  # 物体にランダム位相を付加
17  dog_512 = np.zeros((N, N), dtype="complex64")
18  dog_512[:256, :256] = dog * rand_phase
19
20  fig, ax = plt.subplots(1, 4, figsize=(14,3))
21  ax[0].imshow(np.abs(dog_512), cmap="gray")
22  ax[0].axis("off")
23  ax[0].set_title("Object")
24
25  # 参照波
26  reference  = np.zeros((N,N), dtype="complex64")
27  reference[N//2, N//2]= amp_ref
28
29  # ホログラムに含まれる自己相関光の計算
30  diff_dog_512 = ffp.fftshift(ffp.fft2(dog_512))
31  I_dog = np.abs(diff_dog_512) ** 2
32  # ホログラムに含まれる参照光の強度分布
33  diff_ref = ffp.fftshift(ffp.fft2(reference))
34  I_ref = np.abs(diff_ref) ** 2
35
36  # ホログラムに含まれる物体波と参照波の和の強度分布
37  diff_d_r = diff_dog_512 + diff_ref
38  I_d_r = np.abs(diff_d_r) ** 2
39
40  # ホログラムの強度分布
41  hologram = I_d_r
42  ax[1].imshow(hologram, cmap="gray")
43  ax[1].axis("off")
44  ax[1].set_title("Hologram")
45
```

```
46  # 再生像
47  reconst = ffp.fftshift(ffp.ifft2(ffp.fftshift(hologram)))
48  reconst[256, 256] = 0j
49  ax[2].imshow(np.abs(reconst), cmap="gray")
50  ax[2].axis("off")
51  ax[2].set_title("Reconstructed image")
52
53  # 再生像中心部の明るいスポット除去
54  reconst = ffp.fftshift(ffp.ifft2(ffp.fftshift(hologram - I_dog)))
55  ax[3].imshow(np.abs(reconst), cmap="gray")
56  ax[3].axis("off")
57  ax[3].set_title("Reconst. image filtered")
58  plt.savefig("FT_CGH.png")
```

ここでは，式 (6.101) によってホログラムの強度分布を計算し，これをフーリエ変換して再生像を計算する．再生像の 0 次光成分が強いので，この項を別途計算して再生光強度から除去している．同じく，再生光に含まれる物体の自己相関光も除去した．

もちろん，式 (6.105) にしたがって計算機ホログラムを計算することもできる．プログラム 6.3 の出力を図 6.18 に示す．

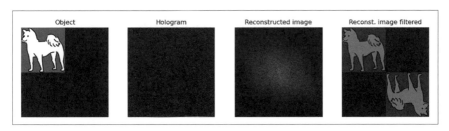

図 6.18 フーリエ変換計算機ホログラム．左から，入力物体，その計算機ホログラム，0 次光成分を除去した再生像，ホログラムの自己相関項も除いた再生像．

7 | 偏　光

　光波は電場と磁場の振動が空間を伝播する現象である．電場と磁場の振動方向と光波の伝播方向は直交しているので，光波は横波である．電場と磁場の振動方向は一定である必要はなく，時間と空間位置で変化できる．電場もしくは磁場の振動方向に規則性がある場合に，この光波は偏光しているという．通常は，電場の振動方向を偏光の振動方向という．

7.1　偏光の表示法

　均質な媒質中を z 方向に進む正弦平面波を考えよう．この平面波の電場は x 方向と y 方向に振動成分を持つので，正弦平面波は，

$$\boldsymbol{E}(z,t) = \hat{\boldsymbol{i}} E_x(z,t) + \hat{\boldsymbol{j}} E_y(z,t) \tag{7.1}$$

と書ける．ただし，$\hat{\boldsymbol{i}}$, $\hat{\boldsymbol{j}}$ は，それぞれ，x, y 方向の単位ベクトルを表す．また，

$$E_x(z,t) = A_x \cos(kz - \omega t + \phi_x) \tag{7.2}$$

$$E_y(z,t) = A_y \cos(kz - \omega t + \phi_y) \tag{7.3}$$

は，x, y 方向の振動成分である．ここで，ϕ_x, ϕ_y は各成分の初期位相である．初期位相差は，

$$\delta = \phi_y - \phi_x \tag{7.4}$$

で定義される．

　次に，$\boldsymbol{E}$ ベクトルの先端が描く軌跡を考えよう．これを xy 面に投影する．まず，

$$\tau = kz - \omega t \tag{7.5}$$

とおき，式 (7.2) と (7.3) から，

$$\left(\frac{E_x}{A_x}\right)^2 + \left(\frac{E_y}{A_y}\right)^2 - 2\frac{E_x E_y}{A_x A_y}\cos\delta = \sin^2\delta \tag{7.6}$$

各 得られる. 一般に, この軌跡は楕円である. これを楕円偏光という. この軌跡の形によって偏光を分類する.

7.1.1 直 線 偏 光

式 (7.6) において, $\delta = 0$ または $\pm 2\pi$ の場合を考えよう. このとき,

$$\frac{E_x}{A_x} = \frac{E_y}{A_y} \tag{7.7}$$

となり, 光波の振動は,

$$\boldsymbol{E}(z, t) = (\hat{\boldsymbol{i}} A_x + \hat{\boldsymbol{j}} A_y) \cos(kz - \omega t) \tag{7.8}$$

振幅が $\hat{\boldsymbol{i}} A_x + \hat{\boldsymbol{j}} A_y$ 方向に固定された振動となる. このような偏光は直線偏光と呼ばれる.

また, $\delta = \pm \pi$ の場合, 式 (7.6) より,

$$\frac{E_x}{A_x} = -\frac{E_y}{A_y} \tag{7.9}$$

が得られ, 振動は,

$$\boldsymbol{E}(z, t) = (\hat{\boldsymbol{i}} A_x - \hat{\boldsymbol{j}} A_y) \cos(kz - \omega t) \tag{7.10}$$

となり, これも直線偏光である.

7.1.2 円 偏 光

$\delta = \pm \pi/2$ (m は整数) の場合, 式 (7.6) は,

$$\left(\frac{E_x}{A_x}\right)^2 + \left(\frac{E_y}{A_y}\right)^2 = 1 \tag{7.11}$$

となり, 長軸と短軸を x または y 軸とする楕円となる.

特に, $A_x = A_y = A$ の場合には円になる. これを円偏光という.

$\delta = \pi/2$ のとき, 振動は,

$$\boldsymbol{E}(z, t) = \hat{\boldsymbol{i}} A \cos(kz - \omega t) - \hat{\boldsymbol{j}} A \sin(kz - \omega t) \tag{7.12}$$

となる. 光が向かってくる方向を向いて振動ベクトルの先端の描く軌跡を見ると左回りに見える. これを左回り円偏光という. 同様に, $\delta = -\pi/2$ の場合には, 右回り円偏光と呼ばれる.

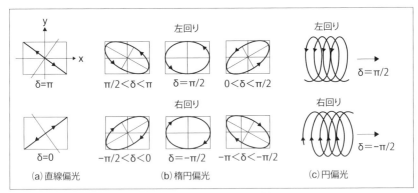

図 7.1 さまざまな偏光状態

7.1.3 楕円偏光

直線偏光や円偏光以外の偏光は楕円偏光である．さまざまな偏光を図 7.1 に示す．

7.2 偏光素子

光波の偏光状態を制御するためには，偏光していない光（自然光）から特定の偏光を取り出す素子や偏光の状態を変化させる素子が必要である．屈折率が光の進行方向で異なる異方性光学結晶，全反射における現象などを利用したさまざまな偏光素子が使われている．自然光から特定の偏光のみを取り出す光学素子を偏光子という．特に，直線偏光を取り出す素子を直線偏光子という．

偏光は一般的に，2 つの直線偏光の重ね合わせで表すことができる．両者の間に特定の位相差を与える素子が，波長板である．位相板とも呼ばれる．水晶などの複屈折性光学結晶では，直交する 2 つの直線偏光に対して別々の屈折率（n_s, n_f）を持つ．厚さ d の結晶を進む場合に受ける位相変化は

$$\delta = \frac{2\pi(n_s - n_f)d}{\lambda} \tag{7.13}$$

である．これをリターデーションと呼ぶ．$n_s > n_f$ である．媒質中を早く進む直線偏光の振動方向を進相軸，遅く進む直線偏光の振動方向を遅相軸という．リターデーションが π のものを 1/2 波長板，$\pi/2$ のものを 1/4 波長板という．進相軸の方向を波長板の方位という．

7.3 ジョーンズベクトルとジョーンズ行列

7.3.1 ジョーンズベクトル

式 (7.1) で示すように，偏光は直交する 2 つの振動成分 E_x, E_y で表すことができる．これをベクトル表示したものがジョーンズベクトルである．

$$\boldsymbol{E} = \begin{pmatrix} E_x \\ E_y \end{pmatrix} = \begin{pmatrix} A_x \exp(\mathrm{i}\phi_x) \\ A_y \exp(\mathrm{i}\phi_y) \end{pmatrix} \tag{7.14}$$

で定義する．

偏光の強度は，

$$I = |E_x|^2 + |E_y|^2 = E_x E_x^* + E_y E_y^* = \begin{pmatrix} E_x^* & E_y^* \end{pmatrix} \begin{pmatrix} E_x \\ E_y \end{pmatrix} \tag{7.15}$$

で与えられる．強度は規格化して 1 とする．

ジョーンズベクトルを用いると，偏光の重ね合わせが簡単に計算できる．例えば，互いに直交する振幅の偏光を重ね合わせると，

$$\boldsymbol{E} = \begin{pmatrix} 1 \\ 0 \end{pmatrix} + \begin{pmatrix} 0 \\ 1 \end{pmatrix} = \begin{pmatrix} 1 \\ 1 \end{pmatrix} \tag{7.16}$$

振動方向が $45°$ の直線偏光になることがわかる．

互いに逆向きの円偏光を重ねると，

$$\boldsymbol{E} = \frac{1}{\sqrt{2}} \begin{pmatrix} 1 \\ \mathrm{i} \end{pmatrix} + \frac{1}{\sqrt{2}} \begin{pmatrix} 1 \\ -\mathrm{i} \end{pmatrix} = \sqrt{2} \begin{pmatrix} 1 \\ 0 \end{pmatrix} \tag{7.17}$$

直線偏光になることがわかる．

さまざまな偏光に対するジョーンズベクトルを表 7.1 に示す．

7.3.2 ジョーンズ行列

偏光素子は，2 行 2 列の行列

$$\boldsymbol{J} = \begin{pmatrix} j_{xx} & j_{xy} \\ j_{yx} & j_{yy} \end{pmatrix} \tag{7.18}$$

で表すことができる．この行列をジョーンズ行列という．偏光 $\boldsymbol{E}$ が偏光素子 $\boldsymbol{J}$

218　　　　　　　　　　　　7. 偏　　　　光

表 7.1 偏光状態に対するジョーンズベクトルとストークスベクトル

偏光状態	ジョーンズベクトル	ストークスベクトル
直線偏光 （x 軸方向）	$\begin{pmatrix}1\\0\end{pmatrix}$	$\begin{pmatrix}1\\1\\0\\0\end{pmatrix}$
直線偏光 （y 軸方向）	$\begin{pmatrix}0\\1\end{pmatrix}$	$\begin{pmatrix}1\\-1\\0\\0\end{pmatrix}$
直線偏光 （45° 方向）	$\dfrac{1}{\sqrt{2}}\begin{pmatrix}1\\1\end{pmatrix}$	$\begin{pmatrix}1\\0\\1\\0\end{pmatrix}$
直線偏光 （$-45°$ 方向）	$\dfrac{1}{\sqrt{2}}\begin{pmatrix}1\\-1\end{pmatrix}$	$\begin{pmatrix}1\\0\\-1\\0\end{pmatrix}$
直線偏光 （θ 方向）	$\begin{pmatrix}\cos\theta\\\sin\theta\end{pmatrix}$	$\begin{pmatrix}1\\\cos\theta\\\sin\theta\\0\end{pmatrix}$
右回り円偏光	$\dfrac{1}{\sqrt{2}}\begin{pmatrix}1\\-\mathrm{i}\end{pmatrix}$	$\begin{pmatrix}1\\0\\0\\1\end{pmatrix}$
左回り円偏光	$\dfrac{1}{\sqrt{2}}\begin{pmatrix}1\\\mathrm{i}\end{pmatrix}$	$\begin{pmatrix}1\\0\\0\\-1\end{pmatrix}$

注) 光波を $\exp[\mathrm{i}(\omega t - kz)]$ と表したときには，i を $-$i とすること.

を通過すると，透過光の偏光は，

$$E' = JE \qquad (7.19)$$

で与えられる．

● 偏 光 子

さまざまな偏光から特別な偏光を取り出す素子を偏光子という．x 軸方向に振動する直線偏光を取り出す偏光子は，

$$\begin{pmatrix} 1 & 0 \\ 0 & 0 \end{pmatrix}$$

であり，x 軸方向から 45° 方向に振動する直線偏光を取り出す偏光子は，

$$\frac{1}{2} \begin{pmatrix} 1 & 1 \\ 1 & 1 \end{pmatrix}$$

である．

● 波 長 板

進相軸が x 軸方向でその位相シフト量が ϕ_x，遅相軸の位相シフト量が ϕ_y である場合の波長板を考えよう．このときのジョーンズ行列は，

$$J_{\mathrm{WP}} = \begin{pmatrix} \exp{(\mathrm{i}\phi_x)} & 0 \\ 0 & \exp{(\mathrm{i}\phi_y)} \end{pmatrix} = \exp{(\mathrm{i}\phi_x)} \begin{pmatrix} 1 & 0 \\ 0 & \exp{(\mathrm{i}\phi)} \end{pmatrix} \qquad (7.20)$$

ただし，リターデーションを $\phi = \phi_y - \phi_x$ とする．したがって，1/2 波長板と 1/4 波長板は，

$$J_{\mathrm{HWP}} = \begin{pmatrix} 1 & 0 \\ 0 & -1 \end{pmatrix} \qquad (7.21)$$

$$J_{\mathrm{QWP}} = \begin{pmatrix} 1 & 0 \\ 0 & \mathrm{i} \end{pmatrix} \qquad (7.22)$$

と表すことができる（定数は省略）．

● 旋 光 子

偏光素子を用いる場合には，しばしばこれを光軸に対して回転して用いる場合がある．このとき，偏光素子の作用はどのように記述されるか考えてみよう．

元の座標系から，角度 θ 回転させた新しい座標系に変換するには，

$$J_{\mathrm{ROT}}(\theta) = \begin{pmatrix} \cos\theta & \sin\theta \\ -\sin\theta & \cos\theta \end{pmatrix} \tag{7.23}$$

の変換が必要である．したがって，角度 θ 回転させた偏光素子のジョーンズ行列は，

$$J(\theta) = J_{\mathrm{ROT}}(-\theta)JJ_{\mathrm{ROT}}(\theta) \tag{7.24}$$

で与えられる．つまり，元の光学系の座標系を偏光素子の座標系に変換してそのジョーンズ行列を作用させ，その後元の座標系に変換するわけである．行列 $J_{\mathrm{ROT}}(\theta)$ をジョーンズ行列の旋光子という．表 7.2 にさまざまなジョーンズ行列を示す．

例題 7.1 直線偏光子の回転

x 軸方向と y 軸方向の両方向に振動成分を持つ直線偏光子を角度 θ 回転させた場合のジョーンズ行列を求めよ．

例題 7.1 のプログラム

```
1  from sympy import Matrix, sin, cos
2  from sympy.abc import theta
3
4  J_rot = Matrix([[cos(theta), sin(theta)], \
5                  [-sin(theta), cos(theta)]])
6  J_LH = Matrix([[1, 0],[0, 0]])
7  J_LV = Matrix([[0, 0],[0, 1]])
8
9  A = J_rot.subs(theta, -theta) * J_LH * J_rot
10 B = J_rot.subs(theta, -theta) * J_LV * J_rot
11
12 print(A)
13 print(B)
```

IPython コンソールには，

```
1  Matrix([[cos(theta)**2, sin(theta)*cos(theta)],
2  [sin(theta)*cos(theta), sin(theta)**2]])
3  Matrix([[sin(theta)**2, -sin(theta)*cos(theta)],
4  [-sin(theta)*cos(theta), cos(theta)**2]])
```

7.3 ジョーンズベクトルとジョーンズ行列 221

表 7.2 ジョーンズ行列とミューラー行列

偏光素子	ジョーンズ行列	ミューラー行列
直線偏光子 (x 軸方向)	$\begin{pmatrix} 1 & 0 \\ 0 & 0 \end{pmatrix}$	$\dfrac{1}{2}\begin{pmatrix} 1 & 1 & 0 & 0 \\ 1 & 1 & 0 & 0 \\ 0 & 0 & 0 & 0 \\ 0 & 0 & 0 & 0 \end{pmatrix}$
直線偏光子 (y 軸方向)	$\begin{pmatrix} 0 & 0 \\ 0 & 1 \end{pmatrix}$	$\dfrac{1}{2}\begin{pmatrix} 1 & -1 & 0 & 0 \\ -1 & 1 & 0 & 0 \\ 0 & 0 & 0 & 0 \\ 0 & 0 & 0 & 0 \end{pmatrix}$
直線偏光子 ($45°$ 方向)	$\dfrac{1}{2}\begin{pmatrix} 1 & 1 \\ 1 & 1 \end{pmatrix}$	$\dfrac{1}{2}\begin{pmatrix} 1 & 0 & 1 & 0 \\ 0 & 0 & 0 & 0 \\ 1 & 0 & 1 & 0 \\ 0 & 0 & 0 & 0 \end{pmatrix}$
直線偏光子 ($-45°$ 方向)	$\dfrac{1}{2}\begin{pmatrix} 1 & -1 \\ -1 & 1 \end{pmatrix}$	$\dfrac{1}{2}\begin{pmatrix} 1 & 0 & -1 & 0 \\ 0 & 0 & 0 & 0 \\ -1 & 0 & 1 & 0 \\ 0 & 0 & 0 & 0 \end{pmatrix}$
1/4 波長板 (進相軸は x 軸方向)	$e^{\mathrm{i}\pi/4}\begin{pmatrix} 1 & 0 \\ 0 & \mathrm{i} \end{pmatrix}$	$\begin{pmatrix} 1 & 0 & 0 & 0 \\ 0 & 1 & 0 & 0 \\ 0 & 0 & 0 & 1 \\ 0 & 0 & -1 & 0 \end{pmatrix}$
1/4 波長板 (進相軸は y 軸方向)	$e^{\mathrm{i}\pi/4}\begin{pmatrix} 1 & 0 \\ 0 & -\mathrm{i} \end{pmatrix}$	$\begin{pmatrix} 1 & 0 & 0 & 0 \\ 0 & 1 & 0 & 0 \\ 0 & 0 & 0 & -1 \\ 0 & 0 & 1 & 0 \end{pmatrix}$
右回り円偏光子	$\dfrac{1}{2}\begin{pmatrix} 1 & \mathrm{i} \\ -\mathrm{i} & 1 \end{pmatrix}$	$\dfrac{1}{2}\begin{pmatrix} 1 & 0 & 0 & 1 \\ 0 & 0 & 0 & 0 \\ 0 & 0 & 0 & 0 \\ 1 & 0 & 0 & 1 \end{pmatrix}$
左回り円偏光子	$\dfrac{1}{2}\begin{pmatrix} 1 & -\mathrm{i} \\ \mathrm{i} & 1 \end{pmatrix}$	$\dfrac{1}{2}\begin{pmatrix} 1 & 0 & 0 & -1 \\ 0 & 0 & 0 & 0 \\ 0 & 0 & 0 & 0 \\ -1 & 0 & 0 & 1 \end{pmatrix}$

注) 光波を $\exp[\mathrm{i}(\omega t - kz)]$ と表したときには，i を $-\mathrm{i}$ とすること.

と出力され，正しく，

$$\begin{pmatrix} \cos^2\theta & \sin\theta\cos\theta \\ \sin\theta\cos\theta & \sin^2\theta \end{pmatrix}, \quad \begin{pmatrix} \sin^2\theta & -\sin\theta\cos\theta \\ -\sin\theta\cos\theta & \cos^2\theta \end{pmatrix}$$

が得られる．

例題 7.2　1/4 波長板の 45° 回転

進相軸を x 軸方向とする 1/4 波長板を 45° 回転させた場合のジョーンズ行列を求めよ．

45° 旋光子は，

$$\boldsymbol{J}(\pi/4) = \frac{1}{\sqrt{2}} \begin{pmatrix} 1 & 1 \\ -1 & 1 \end{pmatrix} \tag{7.25}$$

であり，進相軸を x 軸方向とする 1/4 波長板は，

$$\begin{pmatrix} 1 & 0 \\ 0 & \mathrm{i} \end{pmatrix} \tag{7.26}$$

であるので，定数を省略して，

$$\begin{pmatrix} 1 & -1 \\ 1 & 1 \end{pmatrix}\begin{pmatrix} 1 & 0 \\ 0 & \mathrm{i} \end{pmatrix}\begin{pmatrix} 1 & 1 \\ -1 & 1 \end{pmatrix} = \begin{pmatrix} 1+\mathrm{i} & 1-\mathrm{i} \\ 1-\mathrm{i} & 1+\mathrm{i} \end{pmatrix} = (1+\mathrm{i})\begin{pmatrix} 1 & -\mathrm{i} \\ -\mathrm{i} & 1 \end{pmatrix} \tag{7.27}$$

が得られる．

例題 7.3　幾何学的位相シフター

光波の偏光の状態が循環的に変わる場合に，光波は付加的に位相変化を受ける．このような付加的位相を幾何学的位相，あるいは，発見者の名を取って，パンチャラトナム（Pancharatnam）位相という．これに対して，干渉計の参照鏡を機械的に移動させるなどして光学的距離を変化させることで加わる位相を動的位相という．幾何学的位相の一例として，図 7.2 に示す配置を考えよう．互いに直交する 2 つの偏光の間に位相差 ϕ があったとする．例えば，この 2 つの偏光をテスト波と参照波と呼び，重ね合わせると，そのジョーンズベクトルは，

$$\begin{pmatrix} a\exp(i\phi) \\ 0 \end{pmatrix} + \begin{pmatrix} 0 \\ b \end{pmatrix} \tag{7.28}$$

と表すことができる．このビームを進相軸を x 軸方向から $45°$ 回転させた 1/4 波長板を通過させ，さらに x 軸から θ 回転させた直線偏光子を通過させた場合のジョーンズベクトルを求めよ．さらに，この光波の強度を求めよ．

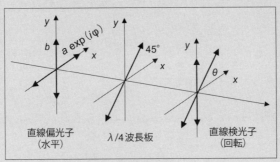

図 7.2 幾何学的位相シフター

まず，1/4 波長板に光波が入射すると，

$$\frac{1}{\sqrt{2}}\begin{pmatrix} 1 & -i \\ -i & 1 \end{pmatrix}\begin{pmatrix} a\exp(i\phi) \\ b \end{pmatrix}$$

$$= \frac{1}{\sqrt{2}}\begin{pmatrix} 1 & -i \\ -i & 1 \end{pmatrix}\begin{pmatrix} a\exp(i\phi) \\ 0 \end{pmatrix} + \frac{1}{\sqrt{2}}\begin{pmatrix} 1 & -i \\ -i & 1 \end{pmatrix}\begin{pmatrix} 0 \\ b \end{pmatrix}$$

$$= \frac{a}{\sqrt{2}}\exp(i\phi)\begin{pmatrix} 1 \\ -i \end{pmatrix} - i\frac{b}{\sqrt{2}}\begin{pmatrix} 1 \\ i \end{pmatrix} \tag{7.29}$$

このことから，式 (7.29) の右辺第 1 項は右回り円偏光，第 2 項は左回り円偏光であることがわかる．次に，回転直線偏光子を通過すると，例題 7.1 より，右回り円偏光成分は，

$$\frac{a}{\sqrt{2}}\exp(i\phi)\begin{pmatrix} \cos^2\theta & \sin\theta\cos\theta \\ \sin\theta\cos\theta & \sin^2\theta \end{pmatrix}\begin{pmatrix} 1 \\ -i \end{pmatrix}$$

$$= \frac{a}{\sqrt{2}}\exp(i\phi)\begin{pmatrix} \cos\theta \\ \sin\theta \end{pmatrix}\exp(-i\theta) \tag{7.30}$$

左回り円偏光成分は,

$$-i\frac{b}{\sqrt{2}}\begin{pmatrix}\cos^2\theta & \sin\theta\cos\theta \\ \sin\theta\cos\theta & \sin^2\theta\end{pmatrix}\begin{pmatrix}1 \\ i\end{pmatrix} = -i\frac{b}{\sqrt{2}}\begin{pmatrix}\cos\theta \\ sin\theta\end{pmatrix}\exp(i\theta) \quad (7.31)$$

以上より, 最終的なジョーンズベクトルは, 式 (7.30) と (7.31) の和で得られ,

$$\frac{a}{\sqrt{2}}\exp(i\phi)\begin{pmatrix}\cos\theta \\ \sin\theta\end{pmatrix}\exp(-i\theta) - i\frac{b}{\sqrt{2}}\begin{pmatrix}\cos\theta \\ \sin\theta\end{pmatrix}\exp(i\theta) \quad (7.32)$$

$$= \frac{1}{\sqrt{2}}\begin{pmatrix}\cos\theta \\ \sin\theta\end{pmatrix}\left\{a\exp\left[i\left(\phi-\theta\right)\right] - ib\exp(i\theta)\right\}$$

光波の強度は, 式 (7.15) より,

$$I(\theta) = \left|\frac{1}{\sqrt{2}}\cos\theta\left\{a\exp\left[i\left(\phi-\theta\right)\right] - ib\exp(i\theta)\right\}\right|^2$$

$$+ \left|\frac{1}{\sqrt{2}}\sin\theta\left\{a\exp\left[i\left(\phi-\theta\right)\right] - ib\exp(i\theta)\right\}\right|^2$$

$$= \frac{1}{2}(a^2+b^2) + ab\sin(2\theta-\phi) \quad (7.33)$$

直線偏光子の回転によって, 幾何学的位相 (2θ) が付加される. 幾何学的位相シフトを利用すれば, 偏光間の位相差 φ は,

$$\phi = \arctan\left[\frac{I(\pi/2) - I(0)}{I(\pi/4) - I(3\pi/4)}\right] \quad (7.34)$$

などから求められる. このような方法で干渉縞の位相を測定することができる.

7.4 ストークスパラメーターとミューラー行列

7.4.1 ストークスパラメーター

ストークスパラメーターは, 完全な偏光や部分的偏光ばかりでなく, 完全非偏光の状態も表すことができる便利なパラメーターである. ストークスパラメーターは4つの成分からなる. いずれも光の強度の次元を持っており, 例題 7.8 で示す

ように，測定可能である．

今，透過軸が x 軸方向の直線偏光子を水平直線偏光子などと呼ぶことにする．測定したい光を，検光子を通して，強度測定を行う．水平直線検光子で検出した強度を I_{LH}，垂直直線検光子で検出した強度を I_{LV}，45°直線検光子で検出した強度を I_{L45}，-45°直線検光子で検出した強度を I_{L-45}，右回り円偏光検光子で検出した強度を I_{CR}，左回り円偏光検光子で検出した強度を I_{CL} とする．ストークスパラメーターを要素とするストークスベクトルは，

$$\boldsymbol{S} = \begin{pmatrix} S_0 \\ S_1 \\ S_2 \\ S_3 \end{pmatrix} = \begin{pmatrix} I_{LH} + I_{LV} \\ I_{LH} - I_{LV} \\ I_{L45} - I_{L-45} \\ I_{CR} - I_{CL} \end{pmatrix} \tag{7.35}$$

で定義される．

偏光成分の式 (7.2) と式 (7.3) は直接測定することはできず，その時間平均のみ測定可能である．計算の都合で，偏光の観測点を $z = 0$ とすると，単色光の場合には，

$$E_x(t) = A_x \exp\left[i(-\omega t + \phi_x)\right] \tag{7.36}$$

$$E_y(t) = A_y \exp\left[i(-\omega t + \phi_y)\right] \tag{7.37}$$

これを用いると，ストークスパラメーターは次のように表すことができる．

$$S_0 = \langle |E_x|^2 \rangle + \langle |E_y|^2 \rangle \tag{7.38}$$

$$S_1 = \langle |E_x|^2 \rangle - \langle |E_y|^2 \rangle \tag{7.39}$$

$$S_2 = \frac{1}{2}\left[\langle |E_x + E_y|^2 \rangle - \langle |E_x - E_y|^2 \rangle\right] = \langle E_x E_y^* \rangle + \langle E_x^* E_y \rangle \tag{7.40}$$

$$S_3 = \frac{1}{2}\left[\langle |E_x + iE_y|^2 \rangle - \langle |E_x - iE_y|^2 \rangle\right] = -i\left(\langle E_x E_y^* \rangle - \langle E_x^* E_y \rangle\right) \tag{7.41}$$

ただし，$\langle \cdots \rangle$ は，時間平均を表す．したがって，ストークスベクトルは，

$$\boldsymbol{S} = \begin{pmatrix} S_0 \\ S_1 \\ S_2 \\ S_3 \end{pmatrix} = \begin{pmatrix} A_x^2 + A_y^2 \\ A_x^2 - A_y^2 \\ 2A_x A_y \cos\delta \\ -2A_x A_y \sin\delta \end{pmatrix} \tag{7.42}$$

と表すことができる.

ストークスベクトルを,振動方向が x 軸の水平直線偏光,垂直直線偏光,$45°$ 直線偏光,右回り円偏光などの条件で求めると,

$$S_{\mathrm{LH}} = \begin{pmatrix} 1 \\ 1 \\ 0 \\ 0 \end{pmatrix}, \quad S_{\mathrm{LV}} = \begin{pmatrix} 1 \\ -1 \\ 0 \\ 0 \end{pmatrix}, \quad S_{\mathrm{L45}} = \begin{pmatrix} 1 \\ 0 \\ 1 \\ 0 \end{pmatrix},$$

$$S_{\mathrm{L-45}} = \begin{pmatrix} 1 \\ 0 \\ -1 \\ 0 \end{pmatrix}, \quad S_{\mathrm{CR}} = \begin{pmatrix} 1 \\ 0 \\ 0 \\ 1 \end{pmatrix}, \quad S_{\mathrm{CL}} = \begin{pmatrix} 1 \\ 0 \\ 0 \\ -1 \end{pmatrix}$$

となる.ただし,適当に規格化されている.S_0 は全体の強度,S_1 は水平直線偏光(完全水平直線偏光のとき 1)と垂直直線偏光(完全水平直線偏光のとき -1)の寄与を表し,S_2 は $45°$ 直線偏光のときには 1,$-45°$ 直線偏光のときには -1 になる.S_3 は円偏光の回転方向の寄与を表し,右回り円偏光のときには 1,左回りのときには -1 となる.

さまざまなストークスベクトルを表 7.1 に示す.

ストークスパラメーターを使うと,非偏光の光や部分偏光(偏光と非偏光が混合した状態)を表すことができる.非偏光は,

$$S_{\mathrm{UNP}} = S_0 \begin{pmatrix} 1 \\ 0 \\ 0 \\ 0 \end{pmatrix}$$

と表すことができる.

部分偏光では,

$$S_0 \geq S_1^2 + S_2^2 + S_3^2 \tag{7.43}$$

ここで,偏光度を,

$$\mathcal{P} = \frac{\sqrt{S_1^2 + S_2^2 + S_3^2}}{S_0} \tag{7.44}$$

と定義する.ただし,$0 \leq \mathcal{P} \leq 1$ である.完全偏光の場合は $\mathcal{P} = 1$,非偏光の場合は $\mathcal{P} = 0$ である.

7.4.2 ミューラー行列

偏光状態を変化させる光学素子の特性を表すためにミューラー行列（Müller matrix）が用いられる．入力偏光のストークスベクトルを S，出力を S' とし，これらの要素を線形に変化させるミューラー行列を M とすると，

$$S' = MS \tag{7.45}$$

と書ける．これを成分で表せば，

$$\begin{pmatrix} S'_0 \\ S'_1 \\ S'_2 \\ S'_3 \end{pmatrix} = \begin{pmatrix} m_{00} & m_{01} & m_{02} & m_{03} \\ m_{10} & m_{11} & m_{12} & m_{13} \\ m_{20} & m_{21} & m_{22} & m_{23} \\ m_{30} & m_{31} & m_{32} & m_{33} \end{pmatrix} \begin{pmatrix} S_0 \\ S_1 \\ S_2 \\ S_3 \end{pmatrix} \tag{7.46}$$

● 偏 光 子

直線偏光子に対するミューラー行列は，x 軸方向の振動成分と y 方向の振動成分に対する透過率をそれぞれ p_x と p_y とすると，

$$M_{\text{POL}} = \frac{1}{2} \begin{pmatrix} p_x^2 + p_y^2 & p_x^2 - p_y^2 & 0 & 0 \\ p_x^2 - p_y^2 & p_x^2 + p_y^2 & 0 & 0 \\ 0 & 0 & 2p_x p_y & 0 \\ 0 & 0 & 0 & 2p_x p_y \end{pmatrix} \tag{7.47}$$

特に，理想的な偏光子に対するミューラー行列は，x 軸に平行な成分のみを透過率 1 で透過する場合には，$p_x = 1$，$p_y = 0$ であるので，

$$M_{\text{POL}} = \frac{1}{2} \begin{pmatrix} 1 & 1 & 0 & 0 \\ 1 & 1 & 0 & 0 \\ 0 & 0 & 0 & 0 \\ 0 & 0 & 0 & 0 \end{pmatrix} \tag{7.48}$$

y 軸に平行な成分のみを透過率 1 で透過する場合には，

$$M_{\text{POL}} = \frac{1}{2} \begin{pmatrix} 1 & -1 & 0 & 0 \\ -1 & 1 & 0 & 0 \\ 0 & 0 & 0 & 0 \\ 0 & 0 & 0 & 0 \end{pmatrix} \tag{7.49}$$

である．

228   7. 偏   光

● 波 長 板

波長板とは x 軸方向と y 軸方向の振動成分の間に位相シフトを与える素子である．今，進相軸を x 軸とし位相シフト量が ϕ_x であり，遅相軸が y 軸であり位相シフト量が ϕ_y の場合を考える．

このときのミューラー行列は，$\phi = \phi_y - \phi_x$ として，

$$\boldsymbol{M}_{\mathrm{WP}}(\phi) = \begin{pmatrix} 1 & 0 & 0 & 0 \\ 0 & 1 & 0 & 0 \\ 0 & 0 & \cos\phi & \sin\phi \\ 0 & 0 & -\sin\phi & \cos\phi \end{pmatrix} \tag{7.50}$$

特に，位相差が $\phi = \pi/2$ のものを 1/4 波長板，$\phi = \pi$ のものを 1/2 波長板ということはすでに述べた．

偏光の振動方向が x 軸に対して 45° の直線偏光を 1/4 波長板に通すと，左回り円偏光になる．

$$\boldsymbol{S}' = \begin{pmatrix} 1 & 0 & 0 & 0 \\ 0 & 1 & 0 & 0 \\ 0 & 0 & 0 & 1 \\ 0 & 0 & -1 & 0 \end{pmatrix} \begin{pmatrix} 1 \\ 0 \\ 1 \\ 0 \end{pmatrix} = \begin{pmatrix} 1 \\ 0 \\ 0 \\ -1 \end{pmatrix} \tag{7.51}$$

● 旋 光 子

ミューラー行列に対する角度 θ の旋光子は，

$$\boldsymbol{M}_{\mathrm{ROT}}(\theta) = \begin{pmatrix} 1 & 0 & 0 & 0 \\ 0 & \cos 2\theta & \sin 2\theta & 0 \\ 0 & -\sin 2\theta & \cos 2\theta & 0 \\ 0 & 0 & 0 & 1 \end{pmatrix} \tag{7.52}$$

である．

さまざまなミューラー行列を表 7.2 に示す．

例題 7.4 直線偏光子の回転

x 軸方向に振動する成分を透過させる直線偏光子を角度 θ 回転させた場合のミューラー行列を求めよ．

7.4 ストークスパラメーターとミューラー行列 229

$$M_{\mathrm{LP}}(\theta) = M_{\mathrm{ROT}}(-\theta)M_{\mathrm{LH}}M_{\mathrm{ROT}}(\theta) \qquad (7.53)$$

を計算すればよい. このための行列計算の SymPy プログラムを次に示す.

例題 7.4 のプログラム

```
1  from sympy import Matrix, sin, cos, simplify, Rational
2  from sympy.abc import theta
3  M_rot = Matrix([[1, 0, 0, 0],[0, cos(2 * theta), sin(2 * theta), 0], \
4             [0, -sin(2 * theta), cos(2 * theta), 0],[0, 0, 0, 1] ])
5  M_LH = Rational(1,2) * Matrix([[1, 1, 0, 0],[1, 1, 0, 0],\
6             [0, 0, 0, 0],[0, 0, 0, 0]])
7
8  A = M_rot.subs(theta, -theta) * M_LH * M_rot
9  print(A)
```

IPython コンソールには,

```
1  Matrix([[1/2, cos(2*theta)/2, sin(2*theta)/2, 0],
2  [cos(2*theta)/2, cos(2*theta)**2/2, sin(2*theta)*cos(2*theta)/2, 0],
3  [sin(2*theta)/2, sin(2*theta)*cos(2*theta)/2, sin(2*theta)**2/2, 0],
4  [0, 0, 0, 0]])
```

と出力され, 正しく,

$$M_{\mathrm{LP}}(\theta) = \frac{1}{2}\begin{pmatrix} 1 & \cos 2\theta & \sin 2\theta & 0 \\ \cos 2\theta & \cos^2 2\theta & \cos 2\theta\sin 2\theta & 0 \\ \sin 2\theta & \cos 2\theta\sin 2\theta & \sin^2 2\theta & 0 \\ 0 & 0 & 0 & 0 \end{pmatrix} \qquad (7.54)$$

が得られる.

例題 7.5 マリュースの法則

図 7.3 に示すように, x 軸方向に振動する水平直線偏光を, 回転角 θ の直線偏光子を通過させた場合の検出光強度を求めよ.

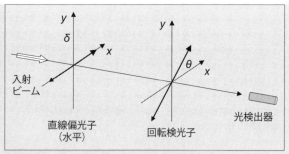

図 7.3 マリュースの法則

式 (7.52) を用いて,

例題 7.5 のプログラム

```
1  from sympy import Matrix, sin, cos, simplify
2  from sympy.abc import theta
3  
4  M = Matrix([[1/2, cos(2*theta)/2, sin(2*theta)/2, 0], \
5              [cos(2*theta)/2, cos(2*theta)**2/2, \
6               sin(2*theta)*cos(2*theta)/2, 0], \
7              [sin(2*theta)/2, sin(2*theta)*cos(2*theta)/2, \
8               sin(2*theta)**2/2, 0], [0, 0, 0, 0]])
9  S_LH = Matrix([[1], [1], [0], [0]])
10 SS = M * S_LH
11 
12 print(simplify(SS))
```

IPython コンソールには,

```
1  Matrix([[1.0*cos(theta)**2], [cos(theta)**2*cos(2*theta)],
2  [2*sin(theta)*cos(theta)**3], [0]])
```

と出力される. すなわち,

$$I(\theta) = S_0 = \cos^2 \theta \tag{7.55}$$

が得られる.

これをマリュースの法則という. これを用いれば, 任意の直線偏光を回転検光子で受けて, 測定される光強度から直線偏光の方位を知ることができる.

7.4 ストークスパラメーターとミューラー行列

例題 7.6 波長板の回転

波長板を角度 θ 回転した場合のミューラー行列を求めよ.

式 (7.50) と (7.52) から,

$$\boldsymbol{M}_{\mathrm{WP}}\left(\phi,\theta\right) = \boldsymbol{M}_{\mathrm{ROT}}(-\theta)\boldsymbol{M}_{\mathrm{WP}}\left(\phi\right)\boldsymbol{M}_{\mathrm{ROT}}(\theta) \tag{7.56}$$

を計算すればよい. このための SymPy プログラムを次に示す.

例題 7.6 のプログラム

```
1  from sympy import Matrix, sin, cos, simplify
2  from sympy.abc import theta, phi
3  M_rot = Matrix([[1, 0, 0, 0],[0, cos(2 * theta), sin(2 * theta), 0], \
4                 [0, -sin(2 * theta), cos(2 * theta), 0],[0, 0, 0, 1] ])
5  M_WP = Matrix([[1, 0, 0, 0],[0, 1, 0, 0],\
6                 [0, 0, cos(phi), sin(phi)],[0, 0, -sin(phi), cos(phi)]])
7
8  A = M_rot.subs(theta, -theta) * M_WP * M_rot
9  print(simplify(A))
```

IPython コンソールには,

```
1  Matrix([[1, 0, 0, 0], [0, sin(2*theta)**2*cos(phi) + cos(2*theta)**2,
2  (1 - cos(phi))*sin(2*theta)*cos(2*theta), -sin(phi)*sin(2*theta)],
3  [0, (1 - cos(phi))*sin(2*theta)*cos(2*theta), sin(2*theta)**2 +
4  cos(phi)*cos(2*theta)**2, sin(phi)*cos(2*theta)],
5  [0, sin(phi)*sin(2*theta), -sin(phi)*cos(2*theta), cos(phi)]])
```

と出力される.

この結果によると,

$$\boldsymbol{M}_{\mathrm{WP}}\left(\phi,\theta\right)$$

$$= \begin{pmatrix} 1 & 0 & 0 & 0 \\ 0 & \cos^2 2\theta + \cos\phi\sin^2 2\theta & (1-\cos\phi)\sin 2\theta\cos 2\theta & -\sin\phi\sin 2\theta \\ 0 & (1-\cos\phi)\sin 2\theta\cos 2\theta & \sin^2 2\theta + \cos\phi\cos^2 2\theta & \sin\phi\cos 2\theta \\ 0 & \sin\phi\sin 2\theta & -\sin\phi\cos 2\theta & \cos\phi \end{pmatrix}$$

$$\tag{7.57}$$

が得られる.

例題 7.7 偏光を用いた光シャッター

光ビームのシャッターとして 図 7.4 に示す配置が用いられる．振動方向が水平と垂直の偏光子の間に進相軸が 45° の可変位相板を配置している．このとき測定される光強度を求めよ．

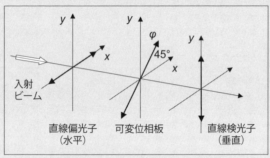

図 7.4 偏光を用いたシャッター

この 45° 可変位相板のミューラー行列は，式 (7.57) より，

$$M_{\mathrm{WP}}(\phi, \pi/4) = \begin{pmatrix} 1 & 0 & 0 & 0 \\ 0 & \cos\phi & 0 & -\sin\phi \\ 0 & 0 & 1 & 0 \\ 0 & \sin\phi & 0 & \cos\phi \end{pmatrix} \quad (7.58)$$

任意の偏光 (S) を入力すると，

$$S' = M_{\mathrm{PV}} M_{\mathrm{WP}}(\phi, \pi/4) M_{\mathrm{PH}} S = \frac{(1-\cos\phi)(S_0+S_1)}{4}\begin{pmatrix} 1 \\ -1 \\ 0 \\ 0 \end{pmatrix} \quad (7.59)$$

ただし，M_{PV}, M_{PH} は垂直直線偏光子，水平直線偏光子である．

つまり，測定される光強度は，

$$I(\phi) = I_0(1-\cos\phi) \quad (7.60)$$

である．したがって，リターデーション ϕ が 0 から π に切り替えられれば，光強度を 0 から $2I_0$ に切り替えることができる．このためには，印加電圧で光学結晶の偏光特性を変化できる電気光学結晶が用いられる．

例題 7.8 ストークスパラメーターの測定

ストークスパラメーターは，測定可能である．図 7.5 のように，入射偏光ビームを波長板と偏光板を介して光検出器で検出する．波長板によって受ける位相シフトを δ，偏光板の方位角を θ とし，検出光の強度を $I(\theta, \delta)$ とすると，

$$I(\theta, \delta) = \frac{1}{2}[S_0 + S_1 \cos 2\theta + S_2 \sin 2\theta \cos \delta + S_3 \sin 2\theta \sin \delta] \quad (7.61)$$

で与えられることを示せ．

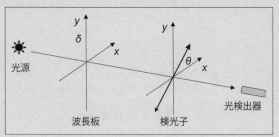

図 7.5 ストークスパラメーターの測定

まず，光源のストークスパラメーターを，

$$\boldsymbol{S} = \begin{pmatrix} S_0 \\ S_1 \\ S_2 \\ S_3 \end{pmatrix} \quad (7.62)$$

とする．リターデーションが δ の波長板のミューラー行列は，式 (7.50) であるから，波長板透過後のストークスベクトルは，

$$\boldsymbol{S}' = \boldsymbol{M}_{\mathrm{WP}}(\delta)\boldsymbol{S} = \begin{pmatrix} S_0 \\ S_1 \\ S_2 \cos \delta + S_3 \sin \delta \\ S_2 \sin \delta + S_3 \cos \delta \end{pmatrix} \quad (7.63)$$

次に，角度 θ 回転した直線検光子のミューラー行列は，式 (7.54) で与えられることに注目して，検光子通過後の偏光のストークスパラメーター $\boldsymbol{S}''$ は，

$$\boldsymbol{S}'' = \boldsymbol{M}_{\mathrm{LP}}(\theta)\boldsymbol{S}' \tag{7.64}$$

検出される偏光の強度は,$\boldsymbol{S}''$ の成分 S_0'' のみであるので,簡単に,

$$I(\theta, \delta) = \frac{1}{2}\left[S_0 + S_1 \cos 2\theta + S_2 \sin 2\theta \cos \delta + S_3 \sin 2\theta \sin \delta\right] \tag{7.65}$$

が得られる.

この結果を使うとストークスパラメーターは,

$$S_0 = I(0,0) + I(\pi/2, 0) \tag{7.66}$$

$$S_1 = I(0,0) - I(\pi/2, 0) \tag{7.67}$$

$$S_2 = 2I(\pi/4, 0) - S_0 \tag{7.68}$$

$$S_3 = 2I(\pi/4, \pi/2) - S_0 \tag{7.69}$$

で与えられる.

A 役に立つ数式

● 三 角 関 数

$$\sin(A \pm B) = \sin A \cos B \pm \cos A \sin B$$

$$\cos(A \pm B) = \cos A \cos B \mp \sin A \sin B$$

$$\sin 2\theta = 2 \sin \theta \cos \theta$$

$$\cos 2\theta = \cos^2 \theta - \sin^2 \theta$$

$$\sin A + \sin B = 2 \sin \frac{(A+B)}{2} \cos \frac{(A-B)}{2}$$

$$\sin A - \sin B = 2 \sin \frac{(A-B)}{2} \cos \frac{(A+B)}{2}$$

$$\cos A + \cos B = 2 \cos \frac{(A+B)}{2} \cos \frac{(A-B)}{2}$$

$$\cos A - \cos B = -2 \sin \frac{(A+B)}{2} \sin \frac{(A-B)}{2}$$

$$\sin A \sin B = -\frac{\cos(A+B) - \cos(A-B)}{2}$$

$$\cos A \cos B = \frac{\cos(A+B) + \cos(A-B)}{2}$$

$$\sin A \cos B = \frac{\sin(A+B) + \sin(A-B)}{2}$$

$$\cos A \sin B = \frac{\sin(A+B) - \sin(A-B)}{2}$$

$$e^{\mathrm{i}\theta} = \cos \theta + \mathrm{i} \sin \theta$$

$$\cos \theta = \frac{e^{\mathrm{i}\theta} + e^{-\mathrm{i}\theta}}{2}$$

$$\sin \theta = \frac{e^{i\theta} - e^{-i\theta}}{2i}$$

● 級 数 展 開

$$\sin \theta = \theta - \frac{\theta^3}{3!} + \cdots$$

$$\cos \theta = 1 - \frac{\theta^2}{2!} + \frac{\theta^4}{4!} + \cdots$$

$$\tan \theta = \theta + \frac{\theta^3}{3} + \frac{2\theta^5}{15} + \cdots$$

$$(1 + x)^n = 1 + nx + \frac{n(n-1)}{1 \cdot 2}x^2 + \frac{n(n-1)(n-2)}{1 \cdot 2 \cdot 3}x^3 + \cdots$$

● ベクトルの公式

$$\boldsymbol{A} \cdot \boldsymbol{B} = A_x B_x + A_y B_y + A_z B_z = |\boldsymbol{A}||\boldsymbol{B}| \cos \theta$$

$$\boldsymbol{A} \times \boldsymbol{B} = (A_y B_z - A_z B_y, A_z B_x - A_x B_z, A_x B_y - A_y B_x)$$

$$\boldsymbol{A} \times \boldsymbol{B} = -\boldsymbol{B} \times \boldsymbol{A}$$

$$|\boldsymbol{A} \times \boldsymbol{B}| = |\boldsymbol{A}||\boldsymbol{B}| \sin \theta$$

$$\boldsymbol{A} \times (\boldsymbol{B} \times \boldsymbol{C}) = (\boldsymbol{A} \cdot \boldsymbol{C})\boldsymbol{B} - (\boldsymbol{A} \cdot \boldsymbol{B})\boldsymbol{C}$$

$$(\boldsymbol{A} \times \boldsymbol{B}) \times \boldsymbol{C} = (\boldsymbol{A} \cdot \boldsymbol{C})\boldsymbol{B} - (\boldsymbol{B} \cdot \boldsymbol{C})\boldsymbol{A}$$

$$\boldsymbol{A} \times (\boldsymbol{B} \times \boldsymbol{C}) + \boldsymbol{B} \times (\boldsymbol{C} \times \boldsymbol{A}) + \boldsymbol{C} \times (\boldsymbol{A} \times \boldsymbol{B}) = 0$$

$$\boldsymbol{A} \cdot (\boldsymbol{B} \times \boldsymbol{C}) = \boldsymbol{B} \cdot (\boldsymbol{C} \times \boldsymbol{A})$$

$$\nabla \equiv \mathrm{grad} = \left(\frac{\partial}{\partial x}, \frac{\partial}{\partial y}, \frac{\partial}{\partial z} \right)$$

$$\nabla^2 = \frac{\partial^2}{\partial x^2} + \frac{\partial^2}{\partial y^2} + \frac{\partial^2}{\partial z^2}$$

$$\mathrm{div}\, \boldsymbol{A} \equiv \nabla \cdot \boldsymbol{A} = \frac{\partial A_x}{\partial x} + \frac{\partial A_y}{\partial y} + \frac{\partial A_z}{\partial z}$$

$$\mathrm{rot}\, \boldsymbol{A} \equiv \nabla \times \boldsymbol{A} = \left(\frac{\partial A_z}{\partial y} - \frac{\partial A_y}{\partial z}, \frac{\partial A_x}{\partial z} - \frac{\partial A_z}{\partial x}, \frac{\partial A_y}{\partial x} - \frac{\partial A_x}{\partial y} \right)$$

$$\mathrm{grad}\, uv = u\, \mathrm{grad}\, v + v\, \mathrm{grad}\, u$$

A. 役に立つ数式

$$\mathrm{div}(\mathrm{grad}\, u) = \nabla^2 u = \frac{\partial^2 u}{\partial x^2} + \frac{\partial^2 u}{\partial y^2} + \frac{\partial^2 u}{\partial z^2}$$

$$\mathrm{div}(\mathrm{rot}\, \boldsymbol{A}) = 0$$

$$\mathrm{rot}(\mathrm{rot}\, \boldsymbol{A}) = \mathrm{grad}(\mathrm{div}\, \boldsymbol{A}) - \nabla^2 \boldsymbol{A}$$

$$\boldsymbol{A} \cdot \mathrm{rot}\, \boldsymbol{B} - \boldsymbol{B} \cdot \mathrm{rot}\, \boldsymbol{A} = \mathrm{div}(\boldsymbol{B} \times \boldsymbol{A})$$

● フーリエ変換

ここでは，回折の計算に利用しやすい 2 次元フーリエ変換を次のように定義する．

$$G(\nu_x, \nu_y) = \iint_{-\infty}^{\infty} g(x, y) \exp\big[-\mathrm{i}2\pi(\nu_x x + \nu_y y)\big] \mathrm{d}x \mathrm{d}y \tag{A.1}$$

その逆変換は，

$$g(x, y) = \iint_{-\infty}^{\infty} G(\nu_x, \nu_y) \exp\big[\mathrm{i}2\pi(\nu_x x + \nu_y y)\big] \mathrm{d}\nu_x \mathrm{d}\nu_y \tag{A.2}$$

フーリエ変換の相似則：

$$\iint_{-\infty}^{\infty} g(ax, by) \exp\big[-\mathrm{i}2\pi(\nu_x x + \nu_y y)\big] \mathrm{d}x \mathrm{d}y = \frac{1}{|ab|} G\left(\frac{\nu_x}{a}, \frac{\nu_y}{b}\right) \tag{A.3}$$

フーリエ変換のシフト則：

$$\iint_{-\infty}^{\infty} g(x - a, y - b) \exp\big[-\mathrm{i}2\pi(\nu_x x + \nu_y y)\big] \mathrm{d}x \mathrm{d}y$$
$$= G(\nu_x, \nu_y) \exp(-\mathrm{i}2\pi a\nu_x) \exp(-\mathrm{i}2\pi b\nu_y) \tag{A.4}$$

表 A.1　関数とそのフーリエ変換

関数 $g(x)$	フーリエ変換 $G(\nu_x)$
$\mathrm{rect}(x)$	$\mathrm{sinc}(\nu_x)$
$\exp(-\pi x^2)$	$\exp(-\pi \nu_x^2)$
$\delta(x)$	1
$\exp(-\mathrm{i}2\pi\alpha x)$	$\delta(\nu_x + \alpha)$
$\cos(2\pi\alpha x)$	$[\delta(\nu_x + \alpha) + \delta(\nu_x - \alpha)]/2$
$\sin(2\pi\alpha x)$	$\mathrm{i}[\delta(\nu_x + \alpha) - \delta(\nu_x - \alpha)]/2$
$\mathrm{comb}(x)$	$\mathrm{comb}(\nu_x)$

ただし，

$$\text{rect}(x) = \begin{cases} 1 & |x| \leq \frac{1}{2} \\ 0 & |x| > \frac{1}{2} \end{cases}$$

$$\text{sinc}(x) = \frac{\sin \pi x}{\pi x}$$

$$\text{comb}(x) = \sum_{n=-\infty}^{\infty} \delta(x - n)$$

ここで，$\delta(x)$ は，デルタ関数で，連続関数 $f(x)$ を用いて，

$$\int_{\infty}^{-\infty} f(x)\delta(x)dx = f(0)$$

で定義される $^{*1)}$.

● ベッセル関数

$$J_n(z) = \frac{\mathrm{i}^{-n}}{2\pi} \int_0^{2\pi} e^{\mathrm{i}z \cos \alpha} e^{\mathrm{i}n\alpha} \mathrm{d}\alpha \tag{A.5}$$

$$\frac{\mathrm{d}}{\mathrm{d}z}\left[z^{n+1} J_{n+1}(z)\right] = z^{n+1} J_n(z) \tag{A.6}$$

● ガンマ関数

フレネル回折を計算する場合に

$$\int_{-\infty}^{\infty} \exp\left(-ax^2 + bx\right)\mathrm{d}x = \sqrt{\frac{\pi}{a}} \exp\left(\frac{b^2}{4a}\right)$$

の形の積分を計算する必要がある．この計算に，ガンマ関数

$$\Gamma(z) = \int_0^{\infty} \exp^{-t} t^{z-1}\mathrm{d}t$$

を使うと良い．ガンマ関数は，

$$\Gamma(z) = (z - 1)\Gamma(z - 1)$$

の性質があるので，n を整数とすると，

$$\Gamma(n) = (n - 1)!$$

である．また，

$$\Gamma\left(\frac{1}{2}\right) = \sqrt{\pi}$$

$^{*1)}$ デルタ関数 $\delta(x)$ は，通常の関数とは異なり，$x = 0$ で値が決まらない超関数と呼ばれるものである．点光源やインパルスなど空間や時間の狭い領域にエネルギーが集中する対象を表す場合に用いられる（参考書：谷田貝豊彦：光とフーリエ変換，朝倉書店（2012））．

B 参　考　書

1. 応用物理学会光学懇話会編：幾何光学，森北出版（1975）.
2. 辻内順平：光学概論 I, II, 朝倉書店（1979）.
3. 三宅和夫：幾何光学，共立出版（1979）.
4. 鶴田匡夫：応用光学 I, II, 培風館（1990）.
5. 谷田貝豊彦：光とフーリエ変換，朝倉書店（1992）.
6. 谷田貝豊彦：光学，朝倉書店（2017）.
7. J. W. Goodman: *Introduction to Fourier Optics*, 2nd ed., McGraw Hill （1996）.
8. M. Born, E. Wolf: *Principles of Optics*, 7th ed., Cambridge University Press （1999）.

   （邦訳：草川徹，光学の原理 第 7 版 1, 2, 3, 東海大学出版会（2005））.
9. E. Hecht: *Optics*, 4th ed., Addison Wesley（2002）.

   （邦訳：尾崎義治，朝倉利光，ヘクト光学 I, II, III, 丸善（2002））.
10. D. Goldstein: *Polarized Light*, 2nd ed., Marcel Dekker （2003）.
11. E. Collett: *Field Guide to Polarized Light*, SPIE Press（2005）.

    （邦訳：笠原一郎，フィールドガイド偏光，オプトロニクス社（2008））.
12. C. A. Bennett: *Principles of Pysical Optics*, John Wiley （2008）.
13. V. Lakshminarayanan, H. Ghalila, A. Ammar, L. S. Varadharajan: *Understanding Optics with Python*, CRC Press（2018）.
14. T. Yatagai: *Fouier Theory in Optics and Optical Information Processsing*, CRC Press （2022）.

索　引

記号・英字

?文字　7, 18

Anaconda　1
arange()　19
array()　19

def 文　14
DFT　183
dir()　7, 18
docstring　18

else 文　12

F ナンバー　87, 173, 206
FFT　42, 185
for 文　13

help()　18

if 文　11
import　16
input()　10
IPython　1

Jupyter Notebook　1

Matplotlib　25
　MATLAB スタイル　25
　オブジェクト指向スタイル　26

ndarray　19
NumPy　18

print()　10
Python　1

QtConsole　2

range()　13
rect 関数　185
return 文　15

SciPy　22
sinc 関数　169, 176
Spyder　1, 3
SymPy　28

Tab キー補完　18
Tab 補完機能　7
type()　6

while 文　12

あ 行

アインシュタイン　50
アッベ数　59
アニメーション　44

移行行列　65
位相　99
　初期—　99

索　　引　　241

位相速度　99
色消レンズ　92
色収差　89, 92
インコヒーレント　151
インコヒーレント結像　203, 205
因数分解　31
インデックス　6, 9
インデント　6

エコシステム　17
エタロン　139
エディタ　3
エリアシングエラー　185
演算子　9
円偏光　215
　左周り—　215
　右周り—　215

オブジェクト　7
オブジェクト指向　7

か　行

開口絞り　87
回折　155
　フラウンホーファー—　167
　フレネル—　159
回折角　177
回折格子　174
　—回折角　177
　—回折次数　177
　—波長分解能　177
回折式　157
回折次数　177
解像力　173
ガウス求積法　23
ガウス定数　62
可干渉距離　153
角周波数　99
角スペクトル法　191
拡大鏡　93
　—倍率　94
角倍率　63

重ね合わせの原理　101
可視度　128
カットオフ周波数　205
ガリレイ望遠鏡　94
換算角　62
換算距離　66
干渉
　振幅分割—　130
　多光束—　135
　—多層膜　140
　等厚—　134
　等傾角—　130
　二光束—　130
　波面分割—　130
干渉計　134
　トワイマン・グリーン—　134
　ファブリ・ペロー—　139
　フィゾー—　134
干渉縞　127
干渉縞解析　224
関数　14
ガンマ関数　238

幾何学的位相　222
級数展開　236
球面収差　91
球面波　101
共軸結像　56
共軸光学系　61
強度　106, 113
鏡筒長　96
共役　56, 64
行列
　数値計算　20
　代数演算　37
　ミューラー—　227
局所周波数　99
虚像　68
近軸光線　60

空間周波数　180
屈折行列　64
屈折の法則　54, 115

屈折率　53
屈折力　65
組込み関数　14
クラス　16
群速度　102

計算機ホログラム　210
傾斜因子　156
結像　55
ケプラー式望遠鏡　94
顕微鏡　95
　―倍率　96

光学　48
光学アドミッタンス　142
光学距離　54
光学系行列　62
口径比　87
光軸　56
光線　53
光線逆進の原理　54
光線収差　89
高速フーリエ変換　42
光路長　54
コヒーレンス　150
コヒーレンス度
　複素―　151
コヒーレント　151
コヒーレント結像　201, 204
コメント行　4
固有値　83
コルニューの螺旋　161
コンソール　3
コンボリューション
　―積分　182
　―定理　182

さ　行

再帰読み出し　15
三角関数　235
参照球面　91
参照波　209

式の整理　31
式の展開　31
辞書型配列　9
自然線幅　153
実効屈折率　142
実像　68
絞り　87
　開口―　87
　視野―　87
視野絞り　87
射出瞳　87
収差　89
　色―　89, 92
　球面―　91
　光線―　89
　ザイデルの五―　91
　波面―　91
周波数　99
　局所―　99
　瞬時―　99
周波数応答関数　204
主光線　87, 88
主点　64, 72
主要点　64, 71
瞬時　99
条件分岐　11
焦点　63, 74
　後側―　63
　前側―　63
焦点距離　68
初期位相　99
ジョーンズ行列　217
ジョーンズベクトル　217
進相軸　216
振幅　99
振幅分割干渉　130

数式処理　28
数値データ　6
　整数型　6
　複素数型　6
　浮動小数点数型　6
スカラー波　110

ストークスの関係式　122
ストークスパラメーター　224
ストークスベクトル　225
スネルの法則　54, 115
スライシング　9
スライダー　45

正弦波　99
正常分散　59
整数型　6
積分　23, 33
節点　63, 75
旋光子　219, 220
全反射　120
鮮明度　128, 151

相互コヒーレンス関数　151
走査形ファブリ・ペロー干渉計　140
属性　7

た　行

楕円偏光　216
多光束干渉　135
多層膜　140
タプル　9

遅相軸　216
直線偏光　215

定在波　105
デルタ関数　182, 238
テレセントリック光学系　88
点応答関数　201
電磁波　48, 50
天体干渉計　154

等厚干渉　134
等位相面　100
透過率　123
等傾角干渉　130
動的位相　222
特殊関数　24

特性行列　142

な　行

二光束干渉　130
二重性　51
入射瞳　87
入射面　53, 115
ニュートンの式　74

は　行

ハイディンガー干渉縞　131
配列　8
　辞書型—　9
　タプル—　9
　リスト—　8
白色干渉　150
波数　99
波数ベクトル　101
波束　102, 104
波長　99
波長板　219, 228
波長分解能　139, 177
パッケージ　16
波動方程式　98
バビネの原理　158
波面　100
波面収差　91
波面分割干渉　130
反射鏡　82
反射の法則　53, 115
反射率　123
半値幅　139
パンチャラトナム位相　222

光共振器　82, 139
瞳関数　199
微分　33
標本化定理　183

ファブリ・ペロー　86
ファブリ・ペロー干渉計　139

走査形— 140
ファラデー 50
ファン シッター・ゼルニケの定理 154
フィネス 139
フィネス係数 138
フェルマーの原理 54
フォトン 50
複素コヒーレンス度 151
複素数型 6
物体波 208
浮動小数点数型 6
部分的コヒーレント 151
フラウンホーファー回折 167
プランク 50
フーリエ変換 41, 168, 179, 237
　—演算子 180
　高速— 185
　離散— 183
ブリュスター角 120
フレネル回折 159
フレネル積分 160
フレネルゾーンプレート 177
分解能 173
分散 59

平面波 100
ベクトル
　数値計算 20
　ストークス— 225
　代数演算 36
　—の公式 236
ベクトル波 110
ベッセル関数 24, 238
ヘルプ機能 17
ヘルムホルツ方程式 107, 193
偏光 110, 214
　円— 215
　楕円— 216
　直線— 215
偏光子 219, 227
偏光度 226

ホイヘンスの原理 155
ポインティングベクトル 112
望遠鏡 94
　—倍率 95
方程式の数式解 34
ボタン 45
ホログラフィ 208
ホログラム 209

ま 行

マックスウエル 50
マリュースの法則 229

ミューラー行列 227

メソッド 7

モジュール 16
文字列型 6

や 行

ヤングの実験 129

誘導放出 51
ユニバーサル関数 21

横波 110
横倍率 64, 73

ら 行

離散フーリエ変換 41
リスト 8
リターデーション 216
臨界角 120

ループ 12

レーザー 51
レーレーの基準 173

著者略歴

谷田貝豊彦
<small>や た がい とよ ひこ</small>

1946 年　栃木県に生まれる
1969 年　東京大学工学部物理工学科卒業
　　　　　理化学研究所，筑波大学，宇都宮大学を経て，
現　在　筑波大学名誉教授，宇都宮大学名誉教授
　　　　　工学博士

Python で学ぶ光学の基礎　　　　　定価はカバーに表示

2024 年 11 月 1 日　初版第 1 刷
2025 年 5 月 15 日　　　第 2 刷

著　者　谷　田　貝　豊　彦

発行者　朝　倉　誠　造

発行所　株式会社　朝　倉　書　店

東京都新宿区新小川町 6-29
郵便番号　　１６２－８７０７
電　話　03（3260）0141
ＦＡＸ　03（3260）0180
https://www.asakura.co.jp

〈検印省略〉

©2024〈無断複写・転載を禁ず〉　　　　印刷・製本　藤原印刷

ISBN 978-4-254-13151-2　C 3042　　Printed in Japan

JCOPY ＜出版者著作権管理機構　委託出版物＞

本書の無断複写は著作権法上での例外を除き禁じられています．複写される場合は，
そのつど事前に，出版者著作権管理機構（電話 03-5244-5088，FAX 03-5244-5089，
e-mail：info@jcopy.or.jp）の許諾を得てください．

光学

谷田貝 豊彦 (著)

A5 判／372 頁　978-4-254-13121-5 C3042　定価 7,040 円（本体 6,400 円＋税）

丁寧な数式展開と豊富な図解で光学理論全般を解説。例題・解答を含む座右の教科書。〔内容〕幾何光学／波動と屈折・反射／偏光／干渉／回折／フーリエ光学／物質と光／発光・受光／散乱・吸収／結晶中の光／ガウスビーム／測光・測色／他

ビジュアル解説 光学入門

田所 利康 (著)

A5 判／224 頁　978-4-254-13150-5 C3042　定価 4,400 円（本体 4,000 円＋税）

光学の基礎を体系的に理解するために魅力的な写真・図を多用し，ていねいにわかりやすく解説。オールカラー。〔内容〕波としての光の性質／媒質中の光の伝搬／媒質界面での光の振る舞い（反射と屈折）／干渉／回折／付録

光学ライブラリー 4 光とフーリエ変換

谷田貝 豊彦 (著)

A5 判／196 頁　978-4-254-13734-7 C3345　定価 3,960 円（本体 3,600 円＋税）

回折や分光の現象などにおいては，フーリエ変換そのものが物理的意味をもつ。本書は定本として高い評価を得てきたが，今回「ヒルベルト変換による位相解析」，「ディジタルホログラフィー」などの節を追補するなど大幅な改訂を実現。

複眼カメラ ―トンボの眼から学ぶ複眼撮像システム―

谷田 純 (著)

A5 判／216 頁　978-4-254-21044-6 C3050　定価 4,290 円（本体 3,900 円＋税）

トンボの眼のような複眼構造に基づいたイメージングシステムとその応用を解説．〔内容〕光と眼／イメージングの基礎／イメージング光学系／複眼光学系／複眼撮像システム／ハードウェア実装／利用法／応用（歯科・内視鏡・ドローン）／情報科学・数理科学による拡張（計算・圧縮・機械学習・仮想現実）／さらなる発展に向けて

図説　視覚の事典

日本視覚学会 (編集)

B5 判／368 頁　978-4-254-10294-9 C3540　定価 13,200 円（本体 12,000 円＋税）

視覚研究の基本と応用を1冊で網羅。心理物理学，生理学，計算論など学際的であり，いまだ限定的にしか理解できていない「視覚」。約80のキーワードについて解説，各項目とも専門的知識不要で理解できる「基礎」，最新の知見を得られる「応用」の2パートで構成。それぞれ見開きで完結したわかりやすい記述となっており，豊富なカラー図版が特徴。〔内容〕視覚の基本特性／視知覚／視覚認知／注意と行動／多感覚認知／発達・加齢・障害／計測方法解析手法

上記価格は 2025 年 4 月現在